Berechnung von Drehstrom-Kraftübertragungen

Von

Oswald Burger
Oberingenieur

Zweite, verbesserte Auflage

Mit 55 Abbildungen im Text

Berlin
Verlag von Julius Springer
1931

ISBN-13:978-3-642-89595-1   e-ISBN-13:978-3-642-91451-5
DOI: 10.1007/978-3-642-91451-5

Alle Rechte, insbesondere das der Übersetzung
in fremde Sprachen, vorbehalten.
Copyright 1931 by Julius Springer in Berlin.

Vorwort.

Die vorliegende neue Auflage ist eine vollständige Durcharbeitung der ersten. Der Verfasser hat sich bemüht, sie weitgehend zu ergänzen, und er hofft dabei auch den Wünschen und Anregungen, die ihm von verschiedenen Seiten gemacht wurden, gerecht geworden zu sein. Neu ist ein Abschnitt über Betriebsdiagramme. Der Abschnitt über angenäherte Berechnungen ist in „Schnellrechnungen" umgetauft worden und dient dazu, überschlägliche Berechnungen ausführen zu können. Der Abschnitt X a — e ist verhältnismäßig wenig geändert worden. Es ist das für die meist vorkommenden Berechnungen wichtigste Kapitel.

Der Abschnitt über Berechnungen sehr langer Leitungen X f ist dagegen erweitert worden, da diesem Gebiet neuerdings mehr Beachtung geschenkt wird.

Es darf allerdings nicht vergessen werden darauf hinzuweisen, daß die praktischen Rechnungen auch bei den höchsten Spannungen meist nach der im Kapitel X b gegebenen Methode (sog. π-Methode) ausgeführt werden, wie mir dies wohl die meisten Ingenieure, die praktische Berechnungen ausführen müssen, bestätigen werden.

Die Buchstaben sind wie in der ersten Auflage an die *AEF*-Symbole angepaßt, soweit dies mit Rücksicht auf Übersichtlichkeit möglich war.

Berlin-Charlottenburg, im Juni 1931.

O. Burger.

Inhaltsverzeichnis.

	Seite
I. Einleitung	1
II. Einheiten und Formelzeichen	2
Vorzeichen für die elektrischen Größen	3
III. Allgemeine Betrachtungen über elektrische Kraftübertragungen	7
Methoden der Darstellung von Wechselströmen	10
IV. Konstanten	14
A. Berechnung der Freileitungskonstanten und ihre Einwirkung auf die Übertragung	14
a) Serienwiderstände	14
1. Ohmsche Widerstände (Wirkwiderstände) und die durch sie verursachten Spannungsabfälle	14
2. Induktive Widerstände und die durch sie verursachten Spannungsabfälle	22
b) Nebenschluß- oder Querwiderstände	32
1. Isolationswiderstände und die durch sie verursachte Ableitungsströme	32
2. Kapazitive Widerstände und durch sie verursachte Ladeströme	33
B. Berechnung der Kabelkonstanten	40
C. Transformatorenkonstanten	46
a) Zweiwicklungstransformatoren	46
b) Dreiwicklungstransformatoren	50
D. Vergrößerung der Induktivität und Kapazität durch höhere harmonische Wellen	56
V. Korona-Erscheinungen	58
VI. Wirk- und Blindbelastung der Leitungsanlage	64
a) Stromwärmeverluste	64
b) Induktive Blindbelastung	64
c) Ableitungsverluste	64
d) Kapazitive Belastungen	65
e) Induktive Apparate und Blindstrommaschinen	65
VII. Bestimmung der wirtschaftlichen Übertragung in bezug auf Spannung, Querschnitt und Leistungsverlust	67
1. Einfache Methode	67
2. Wirtschaftliche Übertragung unter Berücksichtigung der Kraftvergrößerung für die Verlustleistung und der Phasenschieberanlagen	74

Inhaltsverzeichnis. V

	Seite
VIII. Grenzen der Ausführbarkeit	80
a) Spannungsgrenze	81
b) Grenzen in bezug auf Koronaverluste	81
c) Grenzen in bezug auf Erwärmung	81
1. Durch den Belastungsstrom	81
2. In bezug auf die Wirkungen, verursacht durch Kurzschlußströme	86
d) Grenzen in bezug auf die Stabilität der Übertragung	93
e) Grenzen in bezug auf den Skineffekt	100
f) Mechanische Belastung	102
IX. Zulässiger Spannungsverlust	102
a) Verbraucherleitungen	102
1. Glühlampen	103
2. Motoren	104
3. Thermische Apparate	105
b) Netzspeiseleitungen	105
c) Fernübertragungsleitungen	105
X. Berechnung der Spannungs- und Leistungsverluste einer Übertragung	106
a) Kürzere Leitungen, bei denen nur die Serienimpedanz berücksichtigt wird	106
1. Betriebsdiagramme	110
2. Rechnerisches Verfahren	111
b) Längere Leitungen, bei denen die Nebenschlußimpedanzen als an den Enden konzentrierte Werte berücksichtigt werden	115
1. Allgemeines	115
2. Berechnung einer 100-kV-Übertragung	118
3. Beispiel eines Betriebsdiagrammes ohne und mit Berücksichtigung der Transformatoren an den Enden der Leitung	122
c) Parallele Leitungen	126
1. Allgemeines	126
2. Beispiel der rechnerischen Methode	130
3. Betriebsdiagramme für parallele Leitungen	132
d) Ringleitungen	134
1. Allgemeines	134
2. Beispiel der Berechnung einer Ringleitung	134
e) Drehstromübertragung mit Einphasenkabeln	139
f) Berechnung von Kraftübertragungen über Leitungen, bei denen die gleichmäßige Verteilung der Widerstandswerte über die ganze Länge der Leitung hin berücksichtigt wird	141
1. Allgemeines	141
2. Beispiel nach Schönholzer	147
3. Berechnung einer Kraftübertragung mit hyperbolischen Funktionen	150
XI. Betriebsdiagramme	153

Inhaltsverzeichnis.

Seite

XII. Großkraftübertragungen 158
    a) Kompensierung der Blindleistungen der Leitungen ... 158
    b) Beispiel einer Drehstrom-Großkraftübertragung 160
    c) Grenzen der Drehstromübertragung 162
    d) Vollkommen kompensierte Übertragung 163

XIII. Schnellrechnungen 166
    a) Wirtschaftlichste Spannung 166
    b) Wirtschaftliche Strombelastung 167
    c) Spannungsverlust 167
    d) Bestimmung des Spannungsabfalles von Freileitungen .. 168
    e) Leistungsverlust 169
    f) Spannungserhöhung durch die Kapazität der Leitung .. 170
    g) Seildurchmesser in bezug auf Vermeidung von Koronaverlusten 171
    h) Kurzschlußverhältnisse 171
    i) Beispiel für die Schnellrechnung 172

XIV. Einige Hilfstabellen und Rechnungsbehelfe ... 174
    a) IEC-Nennspannungen 174
    b) Einige Rechenbehelfe 174
    c) Bestimmung der Dauer des längsten Tages und der längsten Nacht im Jahr 174
    d) Angaben über Freileitungen 175
    e) Tabelle 36 der Beziehungen zwischen $\cos \varphi$ und $\operatorname{tg} \varphi$ .. 176
    f) Tabelle 37 der Beziehungen zwischen dem Winkel α, $h = 100 \operatorname{tg} \alpha$ und $\varepsilon_\alpha = 100 (\sqrt{1 + \operatorname{tg}^2 \alpha} - 1)$ sowie zwischen $\operatorname{tg} \alpha$, $\cos \alpha$ und ε_α 176
    g) Tabelle 38 der Beziehungen der hyperbolischen Funktionen zu den trigonometrischen 177
    h) Abschmelzstromstärken für Rauhreif 178
    i) Schmelzstrom von waagerecht frei gespannten Kupferleitungen nach 15 Minuten 178
    k) Querschnitt und prozentualer Spannungsverlust in Niederspannungs-Freileitungen und Kabeln für Kupfer 178
       1. Querschnittsberechnung 178
       2. Berechnung des prozentualen Spannungsverlustes .. 179

Erklärung der Buchstabenbezeichnungen für Formeln und Diagramme 182

Literatur 183

I. Einleitung.

Die Berechnung von Drehstromübertragungen ist ein Gebiet der Elektrotechnik, mit dem sich der Verfasser in seiner langjährigen Praxis, namentlich bei den Siemens-Schuckert-Werken ganz besonders eingehend zu befassen hatte. Jedermann, der sich mit Übertragungsproblemen im praktischen Leben zu befassen hat, wird sich ein gewisses System für den Gang der Berechnungen angewöhnen, durch das er in die Lage versetzt wird, diese Arbeit so schnell, einfach und übersichtlich als möglich zu gestalten, und bei der auch der Einfluß der einzelnen ausschlaggebenden Faktoren klar erkennbar bleibt. Auch eine spätere Prüfung soll erleichtert werden.

Die vorliegende Arbeit kann in theoretischer Hinsicht nichts Neues bieten. Sie soll hauptsächlich für den projektierenden Ingenieur und den Betriebsleiter eine Zusammenstellung von allem geben, was sie für die Berechnung der elektrischen Verhältnisse einer Drehstromübertragung brauchen. Alles andere, was nicht unbedingt notwendig ist, mußte fortgelassen werden. Unter Berücksichtigung dieses Grundsatzes ist es möglich gewesen, in einem verhältnismäßig kleinen Buch alles das zu geben, was man nötig hat, um eine Drehstromübertragung von der kleinsten Leistung bis zum größten Ausmaß für alle praktisch erreichbaren Entfernungen zu berechnen, soweit der heutige Stand der Technik dies gestattet.

Bei der Aufstellung der Formeln ist ganz besonders darauf Wert gelegt, daß das numerische Ausrechnen nicht übermäßig erschwert ist und überflüssige Berechnungen vermieden werden.

Um nun aber nicht einfach eine Reihe von Formeln als Diktat zu geben, sind dieselben, soweit sie sich aus den gegenseitigen Beziehungen des Maßsystems oder aus den geometrischen Dimensionen ableiten lassen, in einer nach Möglichkeit einfachen Weise entwickelt worden. Damit wird erreicht, daß als grundlegend nur Materialkonstanten und eine geringe Zahl von Formeln anzunehmen sind.

Es werden auch aus diesem Grund nur so viel elektrische Einheiten verwendet, wie sie tatsächlich beim Gang der Rechnung für den vorliegenden Zweck gebraucht werden. Reziproke Werte von Einheiten sind fast ganz vermieden, sie geben nur zu Irrtümern Veranlassung, sie dienen tatsächlich meist auch nur dazu, um gelegentlich eine Formel eleganter erscheinen zu lassen. Es ist aber, was vielfach verkannt wird, mit der Aufstellung der Formel nicht der Endzweck erreicht, sondern es beginnt mit ihr erst die numerische Auswertung, und für diese kommt es darauf an, Vorteile zu bieten.

Aus Gründen der Einfachheit und Kürze ist jede Beziehung zum englischen Maßsystem vermieden worden, da dasselbe für die rasch fortschreitende Elektrotechnik nur ein Hindernis bedeutet. Das Buch soll in der Aufstellung der Gleichungen so gestaltet sein, daß man die wichtigsten Beziehungen im Kopf behält und nicht auf das ständige Beisichtragen eines Handbuches mit langen Tabellen angewiesen ist.

Außer der als Hauptsache zu betrachtenden numerischen Berechnung der Übertragung werden der Kontrolle und Übersichtlichkeit halber auch graphische Darstellungen gegeben, insbesondere um die Wirkung der Belastungsänderung zu zeigen, und um durch den Anblick der Diagramme dem Gedächtnis ein Bild einzuprägen, das die Entstehung desselben leicht erkennen läßt, und einen Einblick über den Einfluß der verschiedenen charakteristischen Größen zur kritischen Beurteilung gewährt.

Es werden nur stationäre Belastungszustände behandelt. Es wird im allgemeinen gleiche Belastung der 3 Phasen und die normale Frequenz von 50 Hertz vorausgesetzt. Von Strom und Spannung wird angenommen, daß beide reine Sinuswellen sind. Alle Schaltvorgänge, plötzliche Belastungen, Erdschlüsse und sonstige Störungsfälle werden nicht behandelt. Nur soweit es notwendig ist, wird das Gebiet der Kurzschlußströme gestreift.

Das mechanische Problem des Freileitungsbaues und der Kabelverlegung wird hier nicht behandelt werden und es werden nur die rein elektrischen Vorgänge untersucht.

II. Einheiten und Formelzeichen.

Es ist in der hier folgenden Tabelle 1 eine Aufstellung der wichtigsten Einheiten des elektromagnetischen Maßsystems angegeben, sowie einige Beziehungen zu den mechanischen Größen.

Die elektrischen Grund- und abgeleiteten Stromgrößen (wie Spannung und Strom) können Momentan-, Effektiv- oder Amplitudenwerte sein. Im allgemeinen werden hier, wenn anderes nicht ganz besonders angegeben ist, nur Effektivwerte verwendet. Die Einheiten werden zum bequemeren Sprechen und Schreiben von überflüssigen Nullen befreit durch Vorsetzen von Giga-, Kilo-, Mega-, Milli-, Zenti-, Mikro-, Nano- usw. in der bekannten Weise des Dezimalsystems, das allerdings teilweise zu Wortungetümen führt, aber immerhin doch einfacher ist als das jedesmalige Hinzufügen von Zehnerpotenzen.

Soweit dies möglich war, sind stets in den Formeln die Einheitsbezeichnungen angefügt worden und, um Irrtümer zu vermeiden, vielfach nicht abgekürzt, sondern voll ausgeschrieben.

Die sonst in diesem Werk verwendeten Buchstabenbezeichnungen sind am Schluß alphabetisch zusammengestellt.

Vorzeichen für die elektrischen Größen.

Der Dynamokonstrukteur nimmt als Ausgangspunkt seiner Betrachtungen die Klemmen der Generatoren. Es ist für ihn die Generatorleistung eine positive Größe. Ebenso betrachtet er die Spannungsabfälle im Generator als negative Werte. Es ergibt sich für ihn beispielsweise, daß die Klemmenspannung die Differenz der EMK minus der inneren Spannungsabfälle ist. Für die Leitungsberechnung ist es aber praktischer, die Verbraucherleistung: Last als positiv und die Generatorleistung als negativ anzusehen. Es ist dies natürlich eine willkürliche Annahme, die sich aber damit begründen läßt, daß man bei praktischen Berechnungen meist mit viel mehr Stromabnehmern als Stromerzeugern zu tun hat. Man würde sich andernfalls durch eine Unzahl von Vorzeichen nur die Arbeit erschweren. Ebenso sind die Verluste positive Werte, die zur Last hinzugezählt einen Wert ergeben, der mit der Leistungslieferung der Generatoren die Summe = 0 ergeben muß.

In gleicher Weise behandeln wir Blindlasten und Blindleistungen. Es werden nacheilende Blindlasten einfach, weil sie am häufigsten vorkommen, als positive Werte aufgefaßt, während die Lieferung von Blindlasten, also Blindleistungen, als negative Werte anzusehen sind. — Die Verwendung der Ausdrücke: Kapazitive Blindlasten und Leistungen würden die Übersichtlichkeit stören und nur Fehler verursachen, daher werden sie durch folgende Ausdrücke ersetzt:

Kapazitive Blindlasten = induktive Blindleistungen als negative Werte, kapazitive Blindleistungen = induktive Blindlasten als positive Werte.

Man sagt also beispielsweise, daß eine Hochspannungsleitung induktive Blindleistung hergibt und ein untererregter Generator nicht eine kapazitive Blindleistung liefert, sondern ein induktive Blindlast verbraucht. Man muß sich streng an diese Bestimmung halten, damit man nicht im Gange der Berechnungen Fehler macht.

Ebenso gehen wir aus von der Verbraucherspannung als einem positiven Wert, addieren geometrisch die im allgemeinen positiven Spannungsabfälle und erhalten damit die gesamte notwendige Spannung, die der Generator zu liefern hat. Es muß die Summe aller Spannungen = 0 sein. Danach ist die Generatorspannung negativ einzusetzen. Das Übertragungssystem erfordert also so- und so viel Spannung an den Klemmen des Generators oder, wenn die Spannungsabfälle im Generator mit eingeschlossen sein sollen, ergibt sich damit die EMK, die durch die Gleichstromerregung aufgebracht werden muß.

Einheiten.

Es ist in der folgenden Tabelle 1 eine Aufstellung der wichtigsten Einheiten des elektromagnetischen praktischen Maßsystemes gegeben, sowie die Beziehungen zum absoluten Maßsystem und einiger mechanischen Einheiten.

Tabelle 1. Aufstellung der verwendeten Einheiten des praktischen elektromagnetischen Maßsystems und Beziehungen zum elektromagnetischen CGS-System und zu mechanischen Einheiten, der für Formeln üblichen Zeichen, Namen und Abkürzungen der Einheiten.

Physikalische Größen		Formelzeichen	Name	Abkürzung	Wert in CGS-Einheiten
Deutsch	Fremdwort				
A. Grundgrößen des elektrischen Stromes.					
1. Spannung					
Erzeugte Spannung	Elektromotorische Kraft	E	Volt	V	10^8
Klemmenspannung	Potentialdifferenz	U	—	—	10^8
2. Stromstärke	Intensität des Stromes	I	Ampere	A	10^{-1}
3. Elektrizitätsmenge	—	Q	Coulomb Amp.-Sek.	C As	10^{-1} —

Vorzeichen für die elektrischen Größen.

Tabelle 1. (Fortsetzung.)

| Physikalische Größen | | Formel- | Name | Abkür- | Wert in CGS- |
Deutsch	Fremdwort	zeichen		zung	Einheiten
B. Abgeleitete Größen.					
1. Leistung	Generatorischer Effekt				
Last	Motorischer Effekt				
a) Wirkleistung	—	$N=$ (N_W) $=W$	Watt	W	10^7 Erg/s
b) Blindleistung	—	N_B $=B$	Blindwatt, Var	BW	—
c) Scheinleistung	—	N_S	Volt-Ampere	VA	—
2. Arbeit, Verbrauch	Energie				
a) Wirkarbeit	—	A	Joule Kilowattstunde	J kWh	10^7 Erg $36 \cdot 10^{12}$ Erg
b) Blindarbeit	—	A_B	Blindkilowattstunde	BkWh	$36 \cdot 10^{12}$
c) Scheinarbeit	—	A_S	Kilovoltamperestunde	kVAh	$36 \cdot 10^{12}$
C. Leitungskonstanten.					
1. Widerstände					
a) Wirkwiderstand	Resistanz	R	Ohm		10^9
b) Induktiver Blindwiderstand	Induktanz (auch Reaktanz genannt)	S	,,	,,	10^9
c) Kapazitiver Blindwiderstand	Kondensanz	K	,,	,,	10^9
d) Summe aus $b+c$	Reaktanz	S	,,	,,	10^9
e) Geometrische Summe aus $a+b+c$	Impedanz	Z	,,	,,	10^9
2. Leitwerte					
a) Wirkleitwert	Konduktanz	$\dfrac{R}{Z^2}$	Siemens	S	10^{-9}
b) Blindleitwert	Suszeptanz	$\dfrac{S-K}{Z^2}$	,,	,,	10^{-9}
c) Scheinleitwert	Admittanz	$\dfrac{1}{Z}$	,,	,,	10^{-9}

Einheiten und Formelzeichen.

Tabelle 1. (Fortsetzung.)

| Physikalische Größen | | Formel- | Name | Abkür- | Wert in CGS- |
Deutsch	Fremdwort	zeichen		zung	Einheiten
D. Magnetische Feldgrößen.					
1. Magnetische Spannung (Durchflutung)	Magnetomotorische Kraft	$\mathfrak{F}$	Amp.-Windg. oder Pragilbert	Aw	$\frac{1}{10}$ Gilbert
2. Magnet. Fluß	Flux	Φ	Volt-Sek. oder Pramaxwell	Vs	10^8 Maxwell
3. Magnet. Erregungs- oder Flußdichte	Induktion	$\mathfrak{B}$	Volt-Sek./cm² oder Pragauss	Vs/cm²	10^8 Gauß
4. Magnet. Feldstärke (Strombelag)	Magnetische Feldintensität	$\mathfrak{H}$	Amp.-Wind. cm oder Praoerstedt	A/cm	$\frac{1}{10}$ Oerstedt
5. Magnet. Widerstand	Reluktanz	$\mathfrak{R}$			$\dfrac{4\pi}{10^9}$
6. Magnet. Eigenerregungsfähigkeit	Selbstinduktivität	L	Henry	H	10^9
6a. Magnet. Gegenerregungsfähigkeit	Gegeninduktivität	M	Henry	H	10^9
7. Magnet. Durchlässigkeit	Permeabilität	μ	Henry/cm	H/cm	10^9
8. Desgl. in Luft oder in leeren Räumen	,,	$\mu_0 = 1$	,,	,,	$\dfrac{10^9}{4\pi}$
E. Elektrische Feldgrößen.					
1. Elektr. Feldstärke	Gradient der Feldintensität	$\mathfrak{E}$	Volt/cm	V/cm	10^8
2. Elektr. Verschiebung		$\mathfrak{D}$	Coulomb/cm²	C/cm²	10^{-1}
3. Elektr. Ladefähigkeit	Kapazität	C	Farad	F	10^{-9}
4. Elektr. Steifigkeit	Elastanz	$\dfrac{1}{C}$	$\dfrac{1}{\text{Farad}}$	$\dfrac{1}{F}$	10^9
5. Elektr. Durchlässigkeit	Dielektrizitätskonstante	ε	Farad/cm	F/cm	
6. Desgl. im Vacuum bzw. Luft	,,	$\varepsilon_0 = 1$			$\dfrac{4\pi \cdot c^2}{10^9}$
F. Mechanische Größen.					
1. Kraft	—	P	Gramm	g	$9{,}81 \cdot 10^2$ Dyn
			Tonne	t	$9{,}81 \cdot 10^8$ Dyn
2. Arbeit	Energie	A	Metergramm	mg	$9{,}81 \cdot 10^4$ Erg
			Metertonne	mt	$9{,}81 \cdot 10^{10}$ Erg
3. Leistung	Effekt	N	Metergr./Sek.	mg/s	$9{,}81 \cdot 10^4$ Erg/s

Tabelle 1. (Fortsetzung.)

| Physikalische Größen | | Formel- | Name | Abkür- | Wert in CGS- |
Deutsch	Fremdwort	zeichen		zung	Einheiten
G. Verschiedene Hilfsgrößen.					
1. Wellenzahl	Frequenz	f	Hertz	Hz oder p/s	
2. Kreiswellenzahl (Winkelschnelle)	Kreisfrequenz		Radianten pro Sekunde		
H. Wärmegrößen.					
1. Wärmegröße	Absolute Temperatur	T	Grad oder Centigrad	^{0}	Absoluter Nullpunkt bei -273^0 Celsius
2. Wärmegrade	Temperatur	t, ϑ	,,	^{0}	in ^{0} Celsius
3. Erwärmung Abkühlung	Temperaturdifferenz	ϑ	,,	^{0}	,,
4. Wärmemenge		Q	Kalorie	kg/cal	$4{,}186 \cdot 10^7$ Erg

Zu B. 1. Der Generator erzeugt **Leistung**.
  Der Motor nimmt **Last** auf.
Zu B. 2. Der Generator erzeugt **Arbeit**.
  Der Motor verbraucht Arbeit: **Verbrauch**.
Zu C. 2. Der Einheitlichkeit halber wird empfohlen, nur mit Widerstandswerten zu rechnen.
Zu E. 6. $c = 3 \cdot 10^{10}$ cm/sec Ausbreitungsgeschwindigkeit elektrischer Strahlen im luftleeren Raume.

In der praktischen Anwendung wird man für die Formelzeichen nicht nur große, sondern auch kleine Buchstaben verwenden, beispielsweise Teilströme mit i, Summenströme mit I bezeichnen usw. Anhäufungen von Indices sind zu vermeiden. Aus diesem Grunde schreibt man beispielsweise für Blindleistung B statt N_B überall da, wo keine Verwechselungen zu erwarten sind.

III. Allgemeine Betrachtungen über elektrische Kraftübertragungen.

Es sei eine kurze allgemeine Betrachtung vorausgeschickt, die die wichtigsten Merkmale einer elektrischen Übertragung hervorheben soll, soweit es für den Zweck dieser Arbeit erwünscht ist.

Wir haben die Aufgabe, elektrische Energie von einer Stromquelle, einem hydraulischen oder thermischen Kraftwerk oder von einem elektrischen Umformerwerk einem bestimmten Abnehmer zu liefern. Das ist der Fall der einfachen **Kraftübertragung**.

8 Allgemeine Betrachtungen über elektrische Kraftübertragungen.

Es kann aber auch unsere Aufgabe sein, elektrische Energie über ein gewisses Versorgungsgebiet von einer oder mehreren Kraftquellen aus zu verteilen.

Dieser zweite allgemeinere Fall kann in den meisten Fällen durch Unterteilung oder ähnliches auf den ersten Fall zurückgeführt werden.

Die Energie muß auch hier über mehr oder weniger verzweigte Leitungen dem Verbraucher zugeführt werden. Die Verhältnisse bieten der Berechnung wohl etwas größere Schwierigkeiten, sind aber im Prinzip von der Behandlung des ersten, Falles einer einfachen Übertragung, der hauptsächlich behandelt werden soll, nicht verschieden. Erst zum Schluß sollen in einem besonderen Abschnitt einige Beispiele für den zweiten Fall gegeben werden.

Es sei eine einfache elektrische Energieübertragung gegeben. Durch einen Generator speisen wir den Anfangspunkt eines Übertragungssystems, wir versorgen ihn mit elektrischem Strom, der am Ende des Systems den dort befindlichen Verbrauchern zugeführt wird. Der Strom wird hier in mechanische oder chemische Energie bzw. in Licht und Wärme verwandelt. Die in der Zeiteinheit die Leitung durchfließende elektrische Energie hat zwei charakteristische Eigenschaften, die im allgemeinen gut meßbar sind. Es sind dies die Spannung, gemessen in Volt, und die Stromstärke, gemessen in Ampere.

Wir behandeln hier, um es zu wiederholen, Übertragungen mit Drehstrom mit Strömen und Spannungen, die mit der Frequenz von 50 Hz in reinen Sinuswellen schwingen. Der Generator muß mit einer der Entnahme und den Übertragungsverlusten entsprechenden, mechanischen Leistung angetrieben werden und so viel Erregung erhalten, daß er die erforderliche Spannung hergibt, um den Strom mit genügender Intensität durch das Leitungssystem und die angeschlossenen Verbraucherstromkreise hindurchzudrücken. Die Übertragungsleitung besteht aus metallischen Leitungen, die voneinander durch den umgebenden Raum oder durch Isolationskörper, dem sog. Dielektrikum, getrennt sind. Bei der soeben angegebenen Frequenz gleitet die elektromagnetische Energie längs der Leitung mit praktisch als transversal anzusehenden Wellen mit einer aus den Leitungsdaten zu errechnenden Geschwindigkeit vorwärts vom Generator zum Verbraucher. Die Fortschrittsgeschwindigkeit im Leiter beträgt:

$$v = \omega \cdot \sqrt{\frac{k}{s}} \text{ in km/s.} \qquad (1)$$

Allgemeine Betrachtungen über elektrische Kraftübertragungen. 9

Hierin ist ω die Kreisfrequenz, s die Induktanz und k die Kondensanz der Leitung. Die Bestimmung von s und k erfolgt in späteren Abschnitten.
Die Ausbreitung der Wellen senkrecht zu der Leitung im Dielektrikum erfolgt mit der Geschwindigkeit von $3 \cdot 10^5$ km/s Es bildet sich rund um das Übertragungssystem ein elektromagnetisches Feld, von dem aus der Strom sich an der metallischen Leitung reflektiert. Wenn dieselbe einen unendlich kleinen Widerstand hätte, würden die Wellen von der Oberfläche tatsächlich ohne einzudringen reflektiert werden. Da es aber ein solches Leitungsmaterial ohne Widerstand nicht gibt, so dringt der Strom bis zu einer gewissen Tiefe ein und erwärmt die Leitung, womit eine gewisse Verzögerung der fortschreitenden Welle verbunden ist[1]. Es ist üblich, sich das elektromagnetische Kraftfeld dargestellt zu denken durch elektrische Kraftlinien, die von den Oberflächen der Leitungen ausgehen, diese verbindend, und hierzu senkrechte magnetische Kraftlinien, die die Leiter umschließen. Man vereinfacht sich die Überlegungen, wenn man statt der magnetischen Feldlinien, die ihnen entsprechenden magnetischen Verschiebungsströme verwendet. Sowohl die elektrischen wie die magnetischen Verschiebungsströme gehen dieselben Bahnen, sie folgen aufeinander zeitlich in Wellen mit 180° Phasenverschiebung.
Bei den in der Praxis verwendeten Querschnitten und Frequenzen kann man annehmen, daß der elektromagnetische Strom bis in das Innere des Leiters eindringt, so daß der gesamte Querschnitt an dem Energietransport teilnimmt. Der elektrische Strom schwingt also, wie wir sagten, transversal zur Leitung, schreitet aber longitutinal vorwärts. Er kann durch Stromzeiger, die in die Leitung eingeschaltet werden, gemessen werden. Die Höhe des Stromes ist durch die übertragene Leistung und die aufgedrückte Spannung gegeben.
Wir werden zunächst die charakteristischen Leitungskonstanten und die durch diese bedingten Spannungsabfälle, die zusätzlichen Ströme und die zusätzlichen Belastungen behandeln. Unter dem Namen „Leitungen" sind im weiteren Sinne nicht nur die Leitungen selbst, sondern alle im Zuge der Leitung befindlichen Anlagenteile wie Transformatoren, Drosselspulen u. dgl. zu verstehen. Darauf werden wir die wirtschaftlich günstigste Übertragungsspannung bestimmen und die Grenzen der Ausführbarkeit untersuchen. Zum Schluß kommen wir dann auf die eigentliche Leitungsberechnung mit entsprechenden Beispielen.

---
[1] Steinmetz, S.: AIEE 1922, 136.

Methoden der Darstellung von Wechselströmen.

Ströme und Spannungen, die von einer Wechselstromquelle ausgehen, schwingen normalerweise als reine Sinuswellen. Oberwellen treten wohl auf, gehören aber nicht zum Aufgabenkreis dieser Arbeit. Der Momentanwert einer Wechselstromgröße ändert sich nach dem Gesetz

$$a = A \sin(\omega t + \alpha). \qquad (2)$$

Wechselstromgrößen können als Zeitvektoren aufgefaßt werden, und es kann für sie die Rechnungsweise mit komplexen Zahlen verwendet werden. A bedeutet den Amplitudenwert, auch Modul oder Radiusvektor genannt. Der Winkel α ist der Phasenwinkel, auch Richtungswinkel bzw. Argument genannt und bedeutet den Winkel, um den die Vektorgröße hinter der Bezugs- oder Abszissenachse nacheilt. $\omega = 2\pi f$ ist die Kreisfrequenz des Wechselstromes und t ein beliebiger Zeitpunkt.

Zur Darstellung der Wechselströme hat man verschiedene Schreibweisen angewendet und zwar:

Die komplexe Form

$$a = (A \cos\alpha) + \sqrt{-1} \cdot (A \sin\alpha) \qquad (3)$$

oder

$$a = A_W + \sqrt{-1} \cdot A_B, \qquad (4)$$

d. h. $a =$ der geometrischen Summe aus Wirk- und Blindwert.

Eine weitere Darstellungsweise ist folgende:

$$a = A \cdot e^{j\alpha}. \qquad (5)$$

Besser ist die Bezeichnungsweise nach Kennelly

$$a = A\,|\alpha. \qquad (6)$$

Sie ist leichter zu schreiben und zu drucken und dem Verständnis näherliegend. Es wird einem sofort klar, daß man sich zunächst den Winkel α von der Bezugsachse ausgehend auftragen muß und auf dem freien Schenkel den Radiusvektor A abzutragen hat und daß damit die graphische Darstellung der betreffenden Vektorgröße gegeben ist. Die Abszissenachse, die wir für die Darstellung der Vektorengrößen wählen, nennen wir die reelle oder **Wirkachse**, die Ordinatenachse die imaginäre oder **Blindachse**.

Ohne sich in komplizierte Betrachtungen und lange Erklärungen einzulassen, die vor der Anwendung der komplexen Rechnung abschrecken, seien hier kurz die Grundregeln für die verschiedenen Rechnungsoperationen gegeben.

Methoden der Darstellung von Wechselströmen. 11

1. Geometrische Summierung von Vektoren.

$$X\underline{|\xi} = (A\underline{|\alpha}) + (B\underline{|\beta}) + (C\underline{|\gamma}). \tag{7}$$

Die zahlenmäßige Summierung ist nur auf folgendem Wege möglich: Man bildet die Projektionswerte auf die beiden Achsen. Die Projektionswerte jeder Bezugsachse werden addiert und die Resultate wieder zusammengesetzt wie folgt:

$$\left.\begin{array}{l} A\cos\alpha + B\cos\beta + C\cos\gamma = M \\ A\sin\alpha + B\sin\beta + C\sin\gamma = N \end{array}\right\}. \tag{8}$$

Es ist dann

$$X\underline{|\xi} = \sqrt{M^2 + N^2} \cdot \underline{|\operatorname{arc\,tg} N/M}. \tag{9}$$

2. Geometrische Differenz.

Das Verfahren ist identisch mit der Summierung. Die abzuziehenden Größen werden jedoch um 180° verdreht, d. h. ihr Richtungswinkel wird um 180° vergrößert.

$$X\underline{|\xi} = (A\underline{|\alpha}) - (B\underline{|\beta}), \tag{10}$$

$$\left.\begin{array}{l} M = A\cos\alpha + B\cos(\beta + 180) \\ N = A\sin\alpha + B\sin(\beta + 180) \end{array}\right\}. \tag{11}$$

Das Resultat ist unter Berücksichtigung des Vorzeichens identisch dem in Formel (9) gegebenen Wert.

3. Multiplikation.

Es werden die Amplitudenwerte multipliziert und die Phasenwinkel addiert.

$$X\underline{|\xi} = (A\underline{|\alpha}) \cdot (B\underline{|\beta}) = A \cdot B\underline{|\alpha + \beta}. \tag{12}$$

4. Division.

Es werden die Amplitudenwerte dividiert und die Winkel subtrahiert.

$$X\underline{|\xi} = (A\underline{|\alpha}) : (B\underline{|\beta}) = \frac{A}{B}\underline{|\alpha - \beta}. \tag{13}$$

5. Potenzierung.

$$X\underline{|\xi} = (A\underline{|\alpha})^p = A^p \cdot \underline{|p\alpha}. \tag{14}$$

6. Radizierung.

$$X\underline{|\xi} = \sqrt[p]{(A\underline{|\alpha})} = \sqrt[p]{A} \cdot \underline{\left|\frac{\alpha}{p}\right.}. \tag{15}$$

Statt der Amplitudenwerte kann man auch die Effektivwerte nehmen, was ohne weiteres zulässig ist, da es sich nur um die Multiplikation mit einen konstanten Zahlenfaktor handelt.

Es ist auch üblich geworden, für die Vektordarstellung von Drehströmen die Ebene mit drei Koordinaten, die unter sich um je 120° versetzt sind, zu versehen.

Diese Methode der symmetrischen Komponenten wurde namentlich von Fortescue entwickelt. Das Verfahren eignet sich besonders zur Berechnung unsymmetrisch belasteter Drehstromnetze und hat in letzter Zeit sehr an Bedeutung gewonnen.

Die Methode beruht, wenn wir uns auf das Drehstromsystem beschränken, auf Anwendung eines Koordinatensystems mit 3 um 120° gegeneinander verdrehten Achsen. In Anlehnung an die komplexe Rechnungsweise kann man einen Vektor, der um 120° gegenüber einer Bezugsachse verdreht ist, durch Multiplikation seines Betrages mit $e^{j\frac{2}{3}\pi} = -\frac{1}{2} + j \cdot \frac{\sqrt{3}}{2}$ bezeichnen. Man nennt diese Rechnungsgröße „Operator" und bezeichnet sie durch „a". Ebenso hat man bei 240°: $e^{j\frac{2}{3}\pi \cdot 2} = a^2$. Es ist $a^2 = -\frac{1}{2} - j\frac{\sqrt{3}}{2}$. Eine weitere Verdrehung um $3 \cdot 120°$ ergibt $a^3 = 1$ usw. Ein mit a multiplizierter Vektor stellt einen um $+120°$, mit a^2 einen um 240° vorwärts, also links herum, gedrehten Vektor dar[1].

Bei unsymmetrischen Wechselstromgrößen (Strömen, Spannungen usw.) kann man das unsymmetrische System durch 3 symmetrische Teilsysteme ersetzen:

das sog. Mitsystem oder System gleichlaufender Phasenvektoren,
 „   „ Gegensystem   „   „   gegenläufiger Phasenvektoren,
 „   „ Nullsystem   „   „   gleichphasiger Vektoren.

Symmetrisch bedeutet hierbei, daß alle 3 Phasen gleichen Betrag haben und genau um je 120° gegeneinander verdreht sind. Beim Mit- und Gegensystem sind die 3 Vektoren gleichmäßig auf die 360° verteilt, also in Abständen von 120° versetzt. Beim Mitsystem ist die Phasenfolge RST, beim Gegensystem RTS.

Die Berechnung eines unsymmetrischen Drehstromsystems läßt sich nun, unter Berücksichtigung des oben Gesagten, leicht auf die Berechnung symmetrischer Systeme reduzieren, die an Hand der in diesem Werk gegebenen Berechnungsweisen ohne weiteres ausgeführt werden kann. Man kann sich vorstellen, daß

---

[1] Zorn: ETZ 1930. 1233 mit Literaturangaben.

Mit-, Gegen- und Nullsystem in Reihe geschaltet sind. Wenn man beispielsweise unsymmetrische Ströme hat, so berechnet man die Spannungsabfälle für jedes System und setzt zum Schluß die 3 Einzelsysteme (Mit-, Gegen- und Nullsystem) rechnerisch oder graphisch wieder zusammen.

Haben wir beispielsweise ein unsymmetrisches Spannungssystem, so berechnet sich das Mitsystem aus U_R, U_S und U_T

zu $\quad U_{MR} = \frac{1}{3}(U_R + U_S \cdot a + U_T \cdot a^2)$ \hfill (16)

$\quad\quad U_{MS} = \frac{1}{3}(U_S + U_T \cdot a + U_R \cdot a^2)$ \hfill (17)

$\quad\quad U_{MT} = \frac{1}{3}(U_T + U_R \cdot a + U_S \cdot a^2)$. \hfill (18)

Das Gegensystem

$\quad\quad U_{GR} = \frac{1}{3}(U_R + U_S \cdot a^2 + U_T \cdot a)$ \hfill (19)

$\quad\quad U_{GS} = \frac{1}{3}(U_S + U_T \cdot a^2 + U_R \cdot a)$ \hfill (20)

$\quad\quad U_{GT} = \frac{1}{3}(U_T + U_R \cdot a^2 + U_S \cdot a)$. \hfill (21)

Das Nullsystem

$\quad\quad U_{OR} = U_{OS} = U_{OT} = \frac{1}{3}(U_R + U_S + U_T)$. \hfill (22)

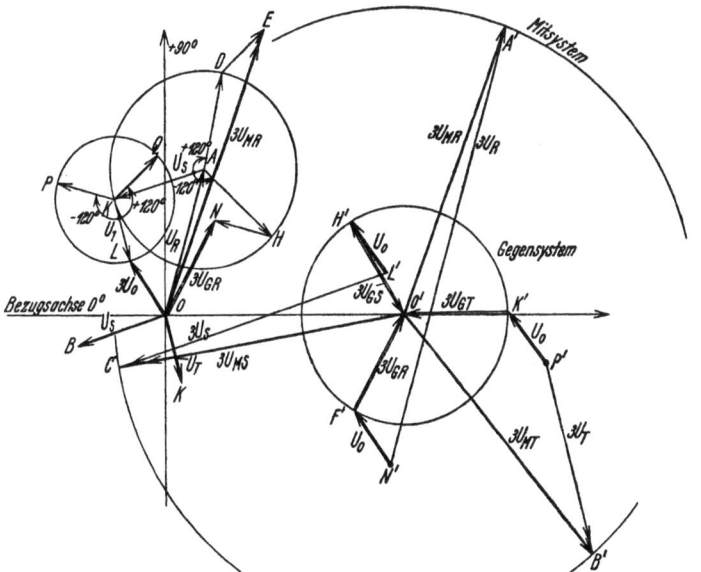

Abb. 1. Auflösung eines unsymmetrischen Drehstromsystems in symmetrische Komponenten.

Man kann die etwas mühselige rechnerische Bestimmung durch zeichnerische Ermittelung ersetzen, wie dies in Abb. 1 dargestellt ist.

Abb. 1 stellt das Diagramm der 3 ungleichen Spannungsvektoren $OA = U_R$, $OB = U_S$ und $OK = U_T$ dar. Für die Bestimmung des Nullsystems bildet man das Vektorpolygon $OAKLO$ zusammengesetzt aus den 3 vorhergenannten Vektoren und LO, das dann den dreifachen Betrag vom Nullvektor U_O darstellt. Ebenso bildet man für das Mitsystem den Polygonzug $OADEO$, wobei an U_R, $U_S|^{120}$ und $U_T|^{240}$ angefügt werden. Es ist die Schlußlinie $OE = 3\,U_{MR}$ der dreifache Mitvektor der Phase R und ferner ist in dem Vektorpolygon $OAHNO$ mit U_R, $U_S|^{240}$, $U_T|^{120}$ die Schlußlinie $ON = 3\,U_{GR}$ der dreifache Gegenvektor der Phase R.

Die sich ergebenden 3 Systeme sind in Abb. 1 dargestellt und zwar der Einfachheit und Deutlichkeit halber in dreifacher Größe: U_{MR}, U_{MS}, U_{MT}, ferner U_{GR}, U_{GS}, U_{GT} und $U_{OR} =$, $U_{OS} =$, $U_{OT} = U_O$. Außerdem ist zur Kontrolle die graphische Wiederzusammensetzung in die tatsächlichen 3 Vektoren U_R, U_S und U_T ausgeführt.
$$\left(\frac{A'N'}{3},\ \frac{L'C'}{3}\ \text{und}\ \frac{P'B'}{3}\right).$$

IV. Konstanten.

A. Berechnung der Freileitungskonstanten und ihre Einwirkung auf die Übertragung.

Wir müssen bei der Berechnung der Leitungskonstanten unterscheiden zwischen Reihen- oder Serienwiderständen und Quer- oder Nebenschlußwiderständen.

Erstere verursachen Spannungsabfälle, letztere zusätzliche Ströme.

a) Serienwiderstände.

1. **Ohmsche Widerstände (Wirkwiderstände) und die durch sie verursachten Spannungsabfälle.**

Der die Leitung durchfließende Wechselstrom verursacht einen neben anderen auftretenden gewissen Spannungsabfall durch den Ohmschen Widerstand der Leitung. Es ist derselbe Widerstand, der auch bei Gleichstrom auftritt und für den Ohm das Gesetz fand, daß der Widerstand gleich dem Spannungsabfall des betreffenden Leiterstückes dividiert durch den die Leitung durchfließenden Strom ist. — Wir wissen, daß bei Wechselstrom auch induktive Widerstände vorhanden sind und Spannungsabfälle verursachen, die sich mit dem Ohmschen zusammensetzen, über die weiter unten Näheres gegeben werden wird. Der Ohmsche Widerstand ist eine Größe, die von dem verwendeten Material, dem Leitungsquerschnitt und der Temperatur abhängt. Der Ohmsche Widerstand, auch Wirkwiderstand oder Resistanz genannt einer elektrischen Leitung ist zu berechnen aus

$$R = \frac{r_s}{Q} \cdot L \text{ in Ohm.} \qquad (23)$$

Hierin bedeutet

R den Widerstand in Ohm,
r_s den spezifischen Widerstand für 1 mm² und 1 km Leitungslänge,
L die Leitungslänge in Kilometern,
Q den Querschnitt in Quadratmillimeter.

Nach den *VDE*-Normen beträgt der Widerstand eines Kupferdrahtes von 1 km Länge und 1 mm² Querschnitt bei 20° C 17,84 Ohm. Hartes Kupfer, wie es für Freileitungen benutzt wird, hat einen um 2 vH höheren Widerstand. Leitungsaluminium hat bei 20° C für 1 mm² Querschnitt und 1 km Länge einen Widerstand im weichgeglühten Zustand von 27,97 Ohm, hartgezogen von 28,75 Ohm. Mit der zulässigen Toleranz geht die letztere Zahl über auf 29 Ohm. Es empfiehlt sich der einfachen Rechnung halber mit 30 Ohm zu rechnen, womit man gleich einen Zuschlag für Verdrillung macht. Aldrey hat etwa 34 Ohm Widerstand.

Als Leitungsmaterial kommt fast ausschließlich Kupfer und Aluminium in Frage. Nur für ganz geringe Querschnitte werden Drähte verwendet, sonst Seile. Aluminiumseile werden auch neuerdings zur Verbesserung der mechanischen Festigkeit mit einer inneren Stahlseele versehen. Nebenbei dient sie auch dazu, den Seildurchmesser zu erhöhen, was nicht nur zur Vermeidung der später in einem besonderen Kapitel behandelten Koronaverluste dient, sondern auch um eine größere Strombelastung des Kabels infolge der vergrößerten Oberfläche zuzulassen. Kupferseile werden aus den gleichen soeben angeführten Gründen neuerdings auch als Hohlseil angefertigt. Für Flußkreuzungen und in besonderen Fällen, wo es auf große mechanische Festigkeit ankommt, verwendet man auch Bronzeseile. Während des Krieges wurden Eisenteile und Zinkkabel verwendet, die aber bei Neuanlagen nicht mehr in Frage kommen.

Der spezifische Widerstand der Metalle ändert sich mit der Temperatur. Es sind hierüber sehr eingehende Versuche gemacht worden. Diese Versuche erstrecken sich über einen sehr großen

Temperaturbereich, fast herab bis zum absoluten Nullpunkt und herauf bis zur Verdampfung. Aus der Abb. 2 ist zu ersehen, daß weit hinaus über den für uns in Frage kommenden Temperaturbereich die Zunahme des spezifischen Widerstandes konstant ist, und zwar wächst oder fällt der Widerstand mit Zu- oder Abnahme der Temperatur um 1° C:

für Kupfer um rd. 0,068 Ohm/km·mm²
„ Aluminium „ „ 0,120 „ „ „

Es ist vorteilhaft in der angegebenen Weise den Widerstandszuwachs bei Temperaturerhöhungen zu berechnen und nicht mit

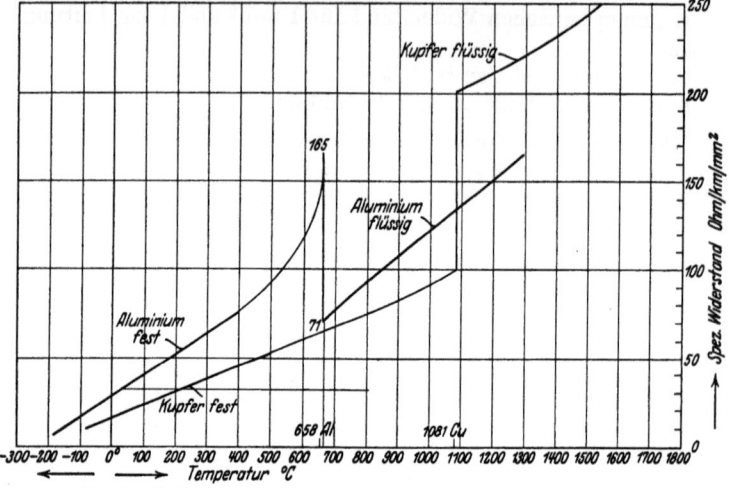

Abb. 2. Änderung des spezifischen Widerstands mit der Temperatur.

Temperaturkoeffizienten, da diese jedesmal verschieden sind, je nach der Temperatur von der man ausgeht. Beim Schmelzpunkt tritt eine ruckweise Änderung des Widerstandes ein, worauf dann wieder eine Periode fast konstanter Zunahme folgt. Die spezifische Werte für weichen Kupferdraht, für Freileitungsseile gleich unter Berücksichtigung des Dralles der Seile und für Aluminiumfreileitungsseile sind für die Temperaturen von — 50° bis + 130° auf Abb. 3 angegeben.

Zur Bequemlichkeit der Widerstandsberechnung geben wir in folgendem die Tabelle 2 der normalen Querschnitte, die nur für Freileitungen gültig ist, mit den Widerstandswerten für harte Drähte und Seile für die Temperaturen von 15, 40 und 65° C.

Die in der Tabelle angegebenen Istwerte sind aus den Verbandsvorschriften entnommen. Es sind ebenfalls abgerundete Werte.

Berechnung der Freileitungskonstanten.

Für die Widerstandswerte sind die sich wirklich aus der Rechnung ergebenden Querschnitte genommen worden. Um den Drall zu berücksichtigen, ist ein Zuschlag von 2 vH gemacht worden. Die einzelnen Drähte, aus denen ein Seil besteht, sind spiralförmig über den Zentralleiter gewickelt. Infolge der Oxydschicht der Drähte folgt der Strom den Einzeldrähten, deren Länge etwa 2 vH größer ist als die des fertigen Seiles und um ebensoviel vergrößert sich der Widerstand. Bezeichnet man mit a das Verhältnis von Drall zum mittleren Durchmesser einer Lage des Seiles, so erhält man die wirkliche Länge des Drahtes

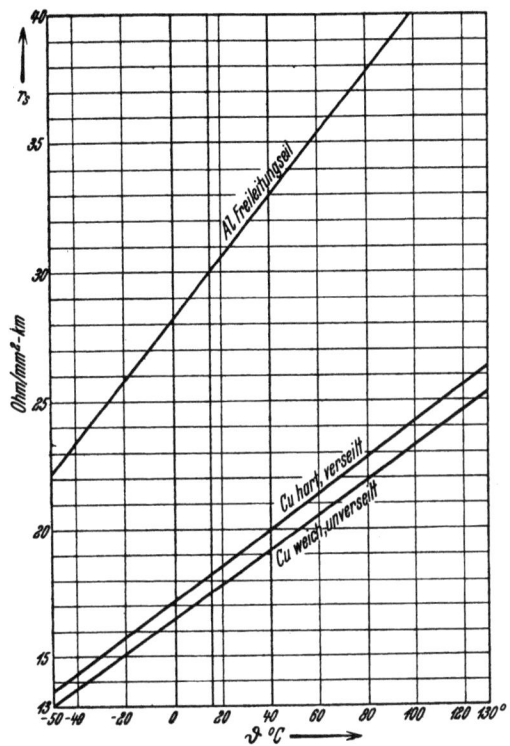

Abb. 3. Spezifischer Widerstand von Kupfer und Aluminium zwischen $-50°$ bis $+130°$ C.

in dieser Seillage, wenn man die gerade Seillänge mit dem Faktor

$$p = \frac{\sqrt{a^2 + \pi^2}}{a} \qquad (24)$$

multipliziert[1].

Es ergeben sich daraus folgende Verlängerungen

für $a =$ 5   10   12   14   16   18   20
$p =$ 1,18   1,048   1,034   1,025   1,019   1,015   1,012

Bei Kupferseilen hat man meist $\quad a = 15 - 20$
Bei verseilten Kabeln $\qquad\qquad a = 20 - 25$

---

[1] Apt: Isolierte Leitungen und Kabel. Berlin: Julius Springer 1928.

Burger, Drehstrom-Kraftübertragungen. 2. Aufl.

Unter Berücksichtigung der meist nicht vorhandenen Kenntnis der Größe a für die verschiedenen Seillagen genügt es, mit dem vorhererwähnten Wert von 2 vH Zuschlag bei Freileitungsseilen zu rechnen. Über die Widerstandswerte für unterirdische Kabel s. Abschnitt B Seite 4.

Ferner ist für die Querschnitte von Seilen über 18 mm ⌀, also für Seile von 240 und 300 mm² ein Zuschlag für Skineffekt (siehe hierüber den besonderen Abschnitt) gemacht worden, und zwar für

240 mm²: 0,7 vH (Seile mit 37 Drähten)
240 mm²: 1,4 vH („ „ 61 „)
300 mm²: 4,9 vH („ „ 61 „).

Die angegebenen Widerstände beziehen sich auf die wirkliche Seillänge, also ohne den Durchhang oder bei Vorprojekten ohne die notwendigen Zuschläge für Umwege der Trassierung und Ungenauigkeiten der Pläne. Es kommen häufig nicht unerhebliche Unterschiede zwischen den projektierten Streckenlängen und den tatsächlich verlegten Seillängen vor. Es sei erwähnt, daß beim Bayernwerk der Unterschied zwischen Luftlinie und tatsächlicher Trassierungslänge im Mittel 9 vH betragen hat. Der geringste Unterschied einer Teilstrecke betrug 2,9 vH, der höchste 23,8 vH[1].

Tabelle 2. Ohmsche Widerstände von Leitern.
Drähte und Seile für Freileitungen.

Nenn-querschnitt mm²	Anzahl der Drähte	Istwert mm²	Kupfer, hart		
			15° Ω/km	40° Ω/km	65° Ω/km
6	1	5,9	3,03	3,32	3,61
10	1	9,9	1,81	1,98	2,15
16	1	15,9	1,13	1,23	1,33
10	7	10	1,82	2,00	2,17
16	7	15,9	1,15	1,26	1,365
25	7	24,2	0,75	0,823	0,895
35	7	34	0,53	0,581	0,632
50	7	49	0,368	0,403	0,439
50	19	48	0,376	0,413	0,449
70	19	66	0,277	0,303	0,330
95	19	93	0,195	0,214	0,233
120	19	117	0,156	0,170	0,186
150	19	152	0,120	0,132	0,143
150	37	147	0,124	0,135	0,147
185	37	182	0,100	0,110	0,120
240	37	228	0,080	0,0885	0,096
240	61	243	0,076	0,0835	0,091
300	61	299	0,064	0,0722	0,075

[1] Menge: Das Bayernwerk und seine Kraftquellen. Berlin: Julius Springer 1925.

Es werden auch Bronzeseile für die gleichen Querschnitte verwendet, und zwar 3 Sorten:
Br. I Bruchfestigkeit rd. 52 kg/mm² spez. Widerstand rd. 11,5 vH
„ II „ „ 65 „ „ „ „ „ 15,4 vH
„ III „ „ 75 „ „ „ „ „ 30 vH
höher als der des reinen Kupfers.

Eine entsprechende Tabelle läßt sich für die Widerstände unterirdischer Kabel machen. Bei diesen hat man jedoch mit den Nennquerschnitten zu rechnen. Außerdem ist zu beachten, daß weichgeglühtes Kupfer genommen wird.

Bei weichgeglühtem Kupfer ist der Widerstand rd. 2 vH, bei Aluminium von 99,2 vH Reingehalt rd. 5 vH geringer. Auch bei reinsten Metallen sind Abweichungen von dem spezifischen Widerstand gemessen worden, bei Kupfer beispielsweise bis zu ± 1,5 vH.

Man kann aus dem Seildurchmesser den Querschnitt bestimmen, wenn man das Verhältnis des wirklichen Querschnittes zu dem eines Vollzylinders kennt. Es ist dies der sog. Füllfaktor[1].

Für ein Seil mit
7, 19, 37, 61 Drähten,
ist der Faktor
78 vH, 76 vH, 75,5 vH, 75,3 vH (Grenzwert 75 vH).
Dabei ist der Außendurchmesser
3, 5, 7, 9 × δ,
wenn δ der Drahtdurchmesser ist.

Es seien noch einige wissenswerte Konstanten für Kupfer und Aluminium gegeben. (Tabelle 3.)

Stahl-Aluminium-Seile.

Die Stahl-Aluminium-Seile haben einen Kern aus verzinkten Stahldrähten von etwa 120 kg/mm² Bruchfestigkeit. Die Abstufung der Querschnitte ist so ausgeführt, daß die Stufen im Ohmschen Widerstand denen der Kupferseile entsprechen, und sie werden als von nominell so und so viel Kupferquerschnitt bezeichnet. Durch die Stahlseele treten zusätzliche Verluste auf, die besonders bei nicht richtiger Ausführung der Verseilung und starken Stromstärken groß werden können. Die spiralförmig um die Stahlseele gewickelten Aluminiumdrähte wirken wie die Bewicklung eines Transformators, da der Strom ebenfalls spiralförmig den Aluminiumdrähten folgt, weil er durch die Oxydschicht der einzelnen Drähte verhindert wird quer durch die Drähte hindurchzufließen. Diese Verluste sind nur geringfügig, wenn die Seile 2 Lagen Drähte mit gegenläufigem Drall besitzen. In diesem Falle wird die magnetische Einwirkung auf die Stahlseele auf ein geringes Maß zurück-

---
[1] Mestermann: SZ Dez. 1926, und Müller: ETZ 1927, 388.

Tabelle 3. Materialkonstanten.

	Kupfer	Aluminium	Einheit
Spezifisches Gewicht	8,89	rd. 2,7	kg/dm^3
Bruchfestigkeit, harte Drähte	rd. 8,9 40—45	18	kg/mm^2
Schmelztemperatur	1083	658	^{0} C
Schmelzwärme	43,3	82	Kal/kg
Siedepunkt	rd. 2300	1800—2000	^{0} C
Verdampfungswärme	75000	—	Kal/kg
Wärmeleitfähigkeit	3,73	—	$\dfrac{\text{Joule}}{\text{cm/sek. } ^0 \text{C}}$
Spezifische Wärme	0,101	0,247	$\dfrac{\text{Kal (20}^0\text{ C)}}{\text{g} - ^0\text{C}}$
	—	0,222	bei 0^0 C
	—	0,232	„ 100^0 C
	—	0,284	„ 625^0 C
Spezifischer Widerstand: Normalwert für harte Drähte bei 15^0 C .	17,86	29,4	Ohm/km-mm^2
20^0 C .	18,2	30,0	,, ,, ,,
40^0 C .	19,56	32,4	,, ,, ,,
45^0 C .	21,26	30,0	,, ,, ,,
weiche Drähte für 20^0 C .	17,84	28,0	,, ,, ,,
Spezifische Widerstandszunahme für 1^0 C zwischen —100 bis +300^0 C . . .	rd. 0,068	0,12	,, ,, ,,

geführt. Es empfiehlt sich vorsichtshalber einen Zuschlag für die zusätzlichen Verluste durch Wirbelströme und Hysterese von etwa 2 vH zu dem Ohmschen Widerstand zu machen, besonders für höhere Strombelastungen. — Als Träger des elektrischen Stromes wird nur der Aluminiumquerschnitt gerechnet, da durch den Widerstand des Stahles, der gegenüber dem des Aluminiums groß ist und durch Skineffekt sowieso der größte Teil des Stromes durch das Aluminium fließen wird[1]. (Tabelle 4.)

Über Messungen des Widerstandes von Stahl-Aluminium-Seilen berichtet Weidig[2].

Danach beträgt die Zunahme des Verlustes gegenüber Reinaluminiumseilen 0,6—1,8 vH von Verbandsnormalenseilen, bei

---
[1] Nähere Angaben über Aluminium- und Stahl-Aluminium-Seile findet man in ETZ 1924, S. 1109. Die Verwendung von Stahl-Aluminium-Seilen bietet hauptsächlich Vorteil wegen des höheren Seildurchmessers (geringere Koronaverluste und Erwärmung). Namentlich für Abzweigleistungen, wo ein sehr geringer nomineller Kupfer-Querschnitt genügen würde, kann man vorteilhafterweise Stahl-Aluminium-Seile wählen.

[2] ETZ 1926, S. 505.

Berechnung der Freileitungskonstanten.

Tabelle 4. Stahl-Aluminium-Seile.

Nominelle Querschnitte Nr.	Aluminium-Querschnitt mm²	Ohmscher Widerstand in Ohm für 1 km Länge bei		
		15° C	40° C	65° C
35	62,54	0,51	0,558	0,592
50	90,05	0,353	0,387	0,411
70	122,57	0,260	0,285	0,302
95	165,87	0,192	0,211	0,223
120	209,1	0,152	0,167	0,177
150	264,65	0,120	0,132	0,140
185	326,72	0,0975	0,1070	0,1135
240	422,75	0,0752	0,0825	0,0875

denen die Verkabelung aus einem inneren Stahlseil und darauf befindlichen Lagen Aluminiumdrähten besteht, die mit gegenläufigem Schlag aufgebracht sind. Bei Seilen mit nur 1 Lage Aluminiumdrähten betragen sie zwischen 1,2—23 vH, bei Seilen mit 2 Lagen Aluminiumdrähten mit gleicher Schlagrichtung 2—9 vH. Es hängt die Höhe der zusätzlichen Verluste sehr ab, abgesehen von der Stromstärke, von der Schlaglänge und der Temperatur des Seiles, welch letztere die gegenseitige Aneinanderpressung der Seile beeinflußt und damit wiederum den Übergangswiderstand zwischen den einzelnen Drahtoberflächen. Je größer letzterer ist, um so mehr verläuft der Strom schraubenförmig den einzelnen Drähten folgend. Damit vergrößert sich nicht nur die Länge des Stromweges, sondern auch die Amperewindungszahl um den Stahlkern. Derselbe wird magnetisiert und es treten Verluste durch Wirbelströme und Hysterese auf.

Spannungsabfall durch ohmschen Widerstand.

Der ohmsche Widerstand verursacht, wie wir bereits sagten, einen Spannungsabfall in der Leitung. Derselbe ist nach Ohm:

$$e = i \cdot r \text{ in Volt}, \qquad (25)$$

worin

e den Spannungsabfall in Volt,

i den den Widerstand durchfließende Strom in Ampere,

r den Widerstand in Ohm bedeuten.

Die Phasenlage dieses Spannungsabfallvektors ist die gleiche wie die des Stromes. Der ohmsche Widerstand stellt demnach einen konstanten Vektor mit dem Phasenwinkel $\gamma = 0°$ dar.

Bei Drehstrom erhält man bei gleichen Strömen und gleichen Widerständen der 3 Phasen für jede den gleichen Spannungsabfall, den man durch Multiplikation mit $\sqrt{3}$ zu einem verketteten Wert umwandelt. Durch diesen Wert ist man in die Lage versetzt, einen Vergleich über die Größe des ohmschen Spannungsabfalles zu der Betriebsspannung, die allgemein nur als verketteter Wert angegeben wird, zu machen. r ist in diesem Falle der Widerstand einer Phase.

2. Induktive Widerstände und die durch sie verursachten Spannungsabfälle.

Durch einen im Verhältnis zum Durchmesser sehr langen Draht fließe ein Strom i. Es bildet sich, wie wir bereits wissen, ein magnetisches Feld um den Leiter herum, dessen Größe wir bestimmen wollen. Wir nehmen, wie es für die im Leitungsbau herrschenden Verhältnisse zutrifft, an, daß es sich um unmagnetische Stoffe handelt. Die Wirkung des Stromes verteilt sich gleichmäßig im Raum und nimmt daher im Quadrat der Entfernung ab. Wir rechnen zunächst in CGS-Einheiten. Der durch das Leiterteilchen dL (Abb. 4) fließende Strom i übt auf den Punkt P die Kraft aus

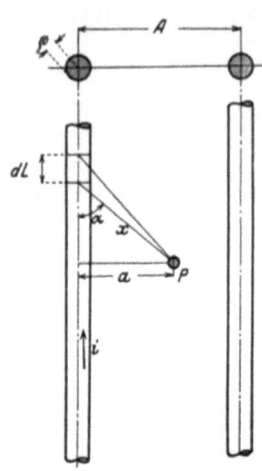

Abb. 4. Berechnung der Induktivität einer Einphasenleitung.

$$d\mathfrak{H} = \frac{i}{x^2} \cdot dL \cdot \sin\alpha, \qquad (26)$$

wobei man sich den Strom in der Leiterachse konzentriert denkt. Es ist $x = \frac{a}{\sin\alpha}$ und $dL = d\alpha \frac{a}{\sin^2\alpha}$ und damit wird:

$$\mathfrak{H} = \int_{2\pi}^{0} \frac{i}{a} \cdot \sin\alpha \cdot d\alpha. \qquad (27)$$

Eine Integration von 0 bis 2π ergibt die Induktion $\mathfrak{B}$, die im Zahlenwert gleich der Feldstärke $\mathfrak{H}$ ist, da die Permeabilität in Luft $\mu = 1$ ist, an der Stelle P zu:

$$\mathfrak{B} = \frac{2}{a} \cdot i. \qquad (28)$$

Für einen Punkt im Innern des Leiters im Abstand a_1 von der Achse (Abb. 5) würde dagegen bei einem Drahtradius von ϱ cm die Induktion im Verhältnis a_1^2 zu ϱ^2 zu reduzieren sein:

$$\mathfrak{B}_1 = \frac{2}{a_1} i \frac{a_1^2}{\varrho^2} = i \cdot \frac{2 a_1}{\varrho^2}. \qquad (29)$$

Die Reduktion im Verhältnis $\frac{a_1^2}{\varrho^2}$ berücksichtigt den verringerten Strom der gleichmäßig über den ganzen Querschnitt fließend verteilt zu denken ist.

Auch im Drahtinneren ist bei Cu und Al $\mu = 1$ und es kann daher $\mathfrak{B}_1 = \mathfrak{H}_1$ gesetzt werden.

Es ist nun der Gesamtfluß einer Schleife bestehend aus 2 parallelen Leitungen von einer Länge $= L$ cm, einem Drahtdurchmesser $= 2\varrho$ cm und einem gegenseitigen Abstand $= A$ cm zu bestimmen. Man muß zu diesem Zweck eine Integration der Einzelwerte vom Abstand der Rückleitung bis zur Achse des Leiters selbst vornehmen. Es ergibt sich dann der Fluß zu:

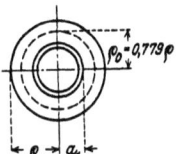

Abb. 5. Berechnung der Selbstinduktivität eines zylindrischen Leiters.

$$\Phi = 2L \cdot \left[\int_\varrho^A \mathfrak{B} \cdot dx + \int_0^\varrho \mathfrak{B}_1 \cdot dx \cdot \frac{x^2}{\varrho^2} \right] \qquad (30)$$

Der erste Summand ist der Anteil des Feldes außerhalb des Leiters, der zweite der im inneren des Leiters.

$$= 2L \cdot \left[\int_\varrho^A \frac{2i \cdot dx}{x} + \int_0^\varrho \frac{2ix}{\varrho^2} \cdot \frac{x^2}{\varrho^2} \cdot dx \right] \qquad (31)$$

$$= i \cdot 2L \cdot \left[2 \ln \frac{A}{\varrho} + 0{,}5 \right] = i \cdot 2L \cdot \mathfrak{L}. \qquad (32)$$

Der Fluß ist demnach proportional dem Strom und einer Größe, die man mit Induktivität bezeichnet. Statt mit der Schleife zu rechnen, d. h. also mit der Hin- und Rückleitung, kann man den Klammerwert als Induktivität je Phase ($\mathfrak{L}$) bezeichnen. Durch die Multiplikation mit 2 ergibt sich damit die Induktivität der Schleife.

Wenn man zum praktischen elektro-magnetischen Maßsystem übergeht, erhält man:

$$\mathfrak{L} = 10^{-4} \cdot \left(2 \ln \frac{A}{\varrho} + 0{,}5 \right) \text{ Henry je km.} \qquad (33)$$

Indem man den Summand 0,5 unter den Logarithmus nimmt, kann man auch schreiben:

$$\mathfrak{L} = 10^{-4} \cdot 2 \ln \frac{A}{0{,}779\,\varrho} \text{ Henry je km.} \qquad (34)$$

Das mit der Stromwelle variierende Feld erzeugt einen Spannungsabfall im beeinflußten Leiter. Der Abfall ist zunächst für die Längeneinheit und als Momentanwert genommen:

$$e = -\frac{d\Phi}{dt}. \qquad (35)$$

Wenn die Induktivität $\mathfrak{L}$ gemessen in Henry konstant ist, wie dies bei Leitungen zumeist der Fall ist, wird

$$e = -\mathfrak{L} \cdot \frac{di}{dt} \text{ Volt}. \tag{36}$$

Bekanntlich variiert der Strom voraussetzungsgemäß als reine Sinuswelle: Es ist $i = i_{max} \cdot \sin \omega t$, und demnach wird der Spannungsabfall

$$e = -\omega \cdot \mathfrak{L} \cdot i_{max} \cdot \sin\left(\omega t + \frac{\pi}{2}\right). \tag{37}$$

Der Effektivwert von e mit dem Effektivwert von i ergibt:

$$e = \omega \cdot \mathfrak{L} \cdot i \cdot \underline{|-90^0} \text{ Volt}. \tag{38}$$

Der Spannungsabfall eilt also dem ihn induzierenden Strom um 90^0 nach.

Man bezeichnet den Wert: $S = \omega \cdot \mathfrak{L}$ als die Induktanz (von anderen auch Reaktanz genannt) der Leitung; sie wird in Ohm gemessen.

Wir wollen unter Benutzung der obenstehenden Formeln nochmals die Induktanz je Phase und je Streckeneinheit von 1 km hinschreiben unter Hinzufügung der richtigen Zehnerpotenz, um die praktischen Einheiten in Ohm zu erhalten

$$S = \omega \mathfrak{L} = (\omega \cdot 2 \ln A - \omega \cdot 2 \cdot \ln 0{,}779\,\varrho) \cdot 10^{-4} \text{ Ohm/km}, \tag{39}$$

womit man unter Verwendung der Dezimallogarithmen (Brigg) erhält:

$$S = 0{,}1447 \lg A - 0{,}1447 \lg 0{,}779\,\varrho, \tag{40}$$
$$S = S_A - S_\varrho. \tag{41}$$

S_A ist die Gegeninduktanz, sie wird vom Strom in der Rückleitung beeinflußt, während S_ϱ die Selbstinduktanz des betreffenden Leiters ist, die mit dem ihn durchfließenden Strom einen Spannungsabfall bewirkt.

Unter Benutzung obiger Formel findet man also, daß bei der Einphasenleitung von L km Streckenlänge der induktive Spannungsabfall in der Hinleitung herrührt von dem Strom in der Rückleitung $(-i) \times$ Gegeninduktanz und von dem Strom im eigenen Leiter $(+i) \times$ Selbstinduktanz. Der Spannungsabfall durch die an sich gleichen Ströme, die aber gegeneinander 180^0 Phasenverschiebung besitzen, ist für den betrachteten Leiter von dem eigenen Strom aus der Entfernung $0{,}779\,\varrho$ bewirkt und von dem Rückstrom im anderen Leiter aus der Entfernung A.

Man müßte die Gleichung für den induktiven Spannungsabfall schreiben:
$$e = 2L(i_R \cdot S_A \underline{|+90^0} + i_H \cdot S_\varrho \underline{|-90^0}). \qquad (42)$$

Hierin bedeutet:

i_R und i_H Hin- und Rückstrom ($i_R = i_H \underline{|+180}$).

Diese Gleichung kann man aber für die Berechnung vereinfachen in:
$$e = 2L \cdot i(S_A - S_\varrho)\underline{|+90^0}. \qquad (43)$$

Bei mehreren Leitungen hat man ganz dieselben Überlegungen und Rechnungen anzustellen, ebenso auch, wenn es sich um Drehstrom handelt. Der Grundsatz lautet: In jedem Leiter bewirken die in den anderen Leitungen fließenden Ströme Spannungsabfälle, die um 90° in Phase den betreffenden Strömen nacheilen. Die Spannungsabfälle sind mit den aus den Leiterabständen zu bestimmenden Induktanzen zu berechnen. Es ist aber darauf zu achten, daß man sämtliche Leitungen, die vom Strom durchflossen sind und die mit der betreffenden Leitung parallel miteinander verlaufen, berücksichtigt, ganz gleichgültig, ob sie zu dem betreffenden Leitungssystem gehören oder nicht. Es muß kontrolliert werden, ob die Summe der Ströme jedes Leitungssystemes auch gleich Null ist, was unbedingt der Fall sein muß. Man darf also keine Leitung vergessen. Die Wirkung fremder Leitungen ist im allgemeinen nur gering. In den Kreis unserer Betrachtungen werden im folgenden nur Einfach- und Doppelleitungen, welche synchron arbeiten, gezogen. Es bietet aber keine Schwierigkeiten, auch den Einfluß fremder Leitungen zu berechnen.

Bei Drehstrom hat man genau die gleichen Verhältnisse; man muß aber ganz besonders auf die Phasenlage der Ströme achten. Um dies alles deutlicher zu machen, schreiben wir zunächst die obige Formel für eine Drehstromleitung nochmals hin. Die Ströme der 3 Phasen seien i_R, i_S und i_T. Es muß nach der obigen aufgestellten Forderung sein: $i_R + i_S + i_T = 0$.

Der Spannungsabfall in Volt im Leiter R beträgt:
$$e_R = L(i_R \underline{|\varphi_R} \cdot S_\varrho\underline{|-90^0} + i_S\underline{|\varphi_S} \cdot S_{RS}\underline{|-90^0} + i_T\underline{|\varphi_T} \cdot S_{RT}\underline{|-90^0}), \quad (44)$$

ebenso die der anderen beiden Phasen:
$$e_S = L(i_R\underline{|\varphi_R} \cdot S_{RS}\underline{|-90^0} + i_S\underline{|\varphi_S} \cdot S_\varrho\underline{|-90^0} + i_T\underline{|\varphi_T} \cdot S_{ST}\underline{|-90^0}), \quad (45)$$
$$e_T = L(i_R\underline{|\varphi_R} \cdot S_{RT}\underline{|-90^0} + i_S\underline{|\varphi_S} \cdot S_{ST}\underline{|-90^0} + i_T\underline{|\varphi_T} \cdot S_\varrho\underline{|-90^0}). \quad (46)$$

Die Formeln sehen etwas schwerfällig aus, sind aber wohl ohne weiteres verständlich und für die Aufzeichnung eines Diagrammes sehr geeignet.

Für die normale Rechnung ist es nun nicht notwendig, jedesmal diese Darstellungsweise zu wählen — sie dient vor allem mehr dazu, die gesamten **induktiven** Einwirkungen auf eine Leitung klarzumachen.

Bei einer Dreiphasenleitung mit 3 Leitungen in gleichen Abständen unter sich und gleichen Strömen kann man obige Formeln folgendermaßen vereinfachen. Es seien:

$$i_R = i, \text{ ferner } i_S = i \underline{|120} \text{ und } i_T = i \underline{|240}, \tag{47}$$

und

$$S_{RS} = S_{ST} = S_{RT} = S \text{ Ohm}, \tag{48}$$

dann wird

$$e = Li(-S_\varrho + 2\cos 120° \cdot S) \underline{|-90} \text{ Volt}, \tag{49}$$

$$e = Li(S - S_\varrho) \underline{|+90} \text{ Volt je Phase.} \tag{50}$$

Als verketteten Wert bekommt man dann weiterhin

$$e = \sqrt{3} \cdot L \cdot i(S - S_\varrho) \underline{|+90} \text{ Volt}^1. \tag{51}$$

Die Werte für S und S_ϱ bei der Frequenz 50 Hertz für die Abstände bis zu 10 m und für Seile bis zu 5 cm Durchmesser sind aus den Diagrammen (Abb. 6 und 7) zu ersehen.

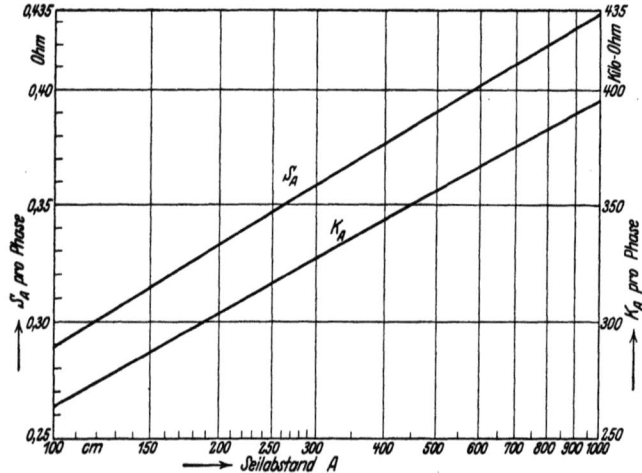

Abb. 6. Beziehungen des Seilabstandes mit S_A und K_A.

---

[1] S. S. 109 und Abb. 34.

Berechnung der Freileitungskonstanten.

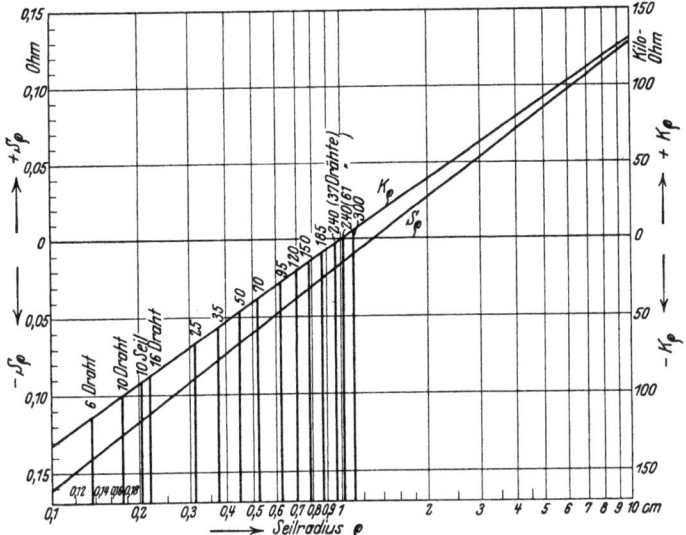

Abb. 7. Beziehungen des Seilradius ϱ mit S_ϱ und K_ϱ.

Die oben angegebenen Formeln Nr. 49—51 gelten für 3 Leitungen, die in einem gleichseitigen Dreieck angeordnet sind. Wenn die Abstände der 3 Leitungen untereinander beliebig sind, dann kann man einen Mittelwert bilden. Die Abstände seien A_{RS}, A_{RT} und A_{ST}, und man erhält

$$S = 0{,}1447 \cdot \tfrac{1}{3}(\lg A_{RS} + \lg A_{RT} + \lg A_{ST}) \\ - 0{,}1447 \cdot \lg 0{,}779\,\varrho \text{ Ohm} \qquad (52)$$

oder

$$S = 0{,}1447 \cdot \lg \sqrt[3]{A_{RS} \cdot A_{RT} \cdot A_{ST}} \\ - 0{,}1447 \cdot \lg 0{,}779\,\varrho \text{ Ohm.} \qquad (53)$$

Der Wert:

$$A = \sqrt[3]{A_{RS} \cdot A_{RT} \cdot A_{ST}} \text{ cm} \qquad (54)$$

ist der geometrische Mittelwert der 3 Einzelwerte in Zentimeter. Wenn die 3 Leitungen in einer Linie liegen, dann ist

$$A = \sqrt[3]{2} \cdot a = 1{,}26\,a \text{ cm.} \qquad (55)$$

Durch die Bestimmung des Mittelwertes wird erreicht daß man für eine Leitung nur mit einer Induktanz, die für alle 3 Phasen gleich ist, zu rechnen hat.

Leitungsverdrillung. Um die Unterschiede der Induktivitäten, und wie wir später sehen werden, der Kapazitäten, auszugleichen, verdrillt man die Leitungen miteinander.

In diesem Falle hat man tatsächlich die Leitung in 3 bzw. ein Vielfaches von 3 gleichen Teilstrecken zerlegt. Für die Gesamtstrecke gilt dann der oben berechnete mittlere Induktanzwert, der mit dem mittleren geometrischen Abstand A der 3 Leitungen berechnet ist. Mit ihm ergeben sich in allen 3 Phasen gleiche Spannungsabfälle.

Wir können damit auch den Spannungsabfall der verketteten Spannung berechnen, indem wir ihn mit $\sqrt{3}$ multiplizieren.

Bei den in der Folge vorzunehmenden Berechnungen, die sich ausschließlich auf gleiche Belastungen und gleiche Phasenverschiebung der 3 Leitungen des Drehstromsystems beziehen, werden in den meisten Fällen verkettete Spannungsabfälle bestimmt werden. Nur wenn besonders darauf hingewiesen wird, wird mit Spannungsabfällen pro Phase gerechnet werden.

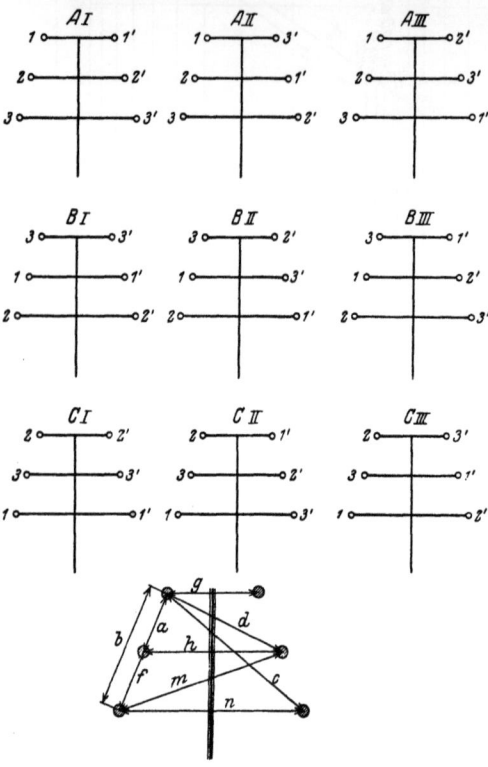

Abb. 8. Anordnung der Leistungen am Mast.

Doppelleitungen. Bei Doppelleitungen, d. h. also bei 6 Seilen auf dem gleichen Gestänge, kann man in derselben Weise vorgehen und die Induktanz jedes Leiters bestimmen. Es sei vorausgesetzt, daß in allen 6 Leitungen der gleiche Strom i fließt, der von einer Drehstromquelle geliefert wird, und daß die Ströme gleiche Phasenabstände gegeneinander haben.

Berechnung der Freileitungskonstanten.

Wir haben laut obenstehender Abb. 9 neun Fälle der Leitungsanordnung am Mast zu unterscheiden. Der kilometrische Spannungsabfall ist beispielsweise im Fall A für den Leiter 1:

$$\left.\begin{aligned}e_1 &= i\cdot\omega\cdot 2\cdot 10^{-4}\cdot \tfrac{1}{2}(\ln a + \ln b + \ln c + \ln d) - \ln g - \ln 0{,}779\varrho \\ &= i\cdot\omega\cdot 2\cdot 10^{-4}\cdot \ln\frac{\sqrt{a\cdot b\cdot c\cdot d}}{g\cdot 0{,}779\varrho}\text{ Volt}\end{aligned}\right\} \quad (56)$$

Auf gleiche Weise erhält man die Spannungsabfälle für die beiden anderen Fälle, und zwar für

$$A_{\text{II}}: \quad e_2 = i\cdot\omega\cdot 2\cdot 10^{-4}\cdot \ln\frac{\sqrt{a\cdot b\cdot c\cdot g}}{0{,}779\varrho\cdot d}\text{ Volt} \quad (57)$$

und

$$A_{\text{III}}: \quad e_3 = i\cdot\omega\cdot 2\cdot 10^{-4}\cdot \ln\frac{\sqrt{a\cdot b\cdot d\cdot g}}{0{,}779\varrho\cdot c}\text{ Volt}. \quad (58)$$

Wenn die Leitung II in 3 gleiche Einzelabschnitte geteilt wird, in denen die Leiter zyklisch vertauscht werden, während Leitung I nicht verdrillt wird (Fälle A_I, B_I, C_I), kann man für Leitung I mit einem mittleren Spannungsabfall rechnen:

$$\tfrac{1}{3}(e_1 + e_2 + e_3) = e_m \quad (59)$$

$$e_m = i\cdot\omega\cdot 2\cdot 10^{-4}\cdot \ln\frac{\sqrt{a\cdot b}}{0{,}779\varrho}\text{ Volt}. \quad (60)$$

Für i wird, wie aus dem Vorhergesagten zu ersehen ist, mit dem Strom jeder Leitung, nicht mit dem Summenstrom beider Leitungssysteme I und II gerechnet. — Ebensolche Werte der Spannungsfälle sind ohne weiteres für $B_{\text{I-III}}$ und $C_{\text{I-III}}$ abzuleiten. Wenn die Leitung in 9 Abschnitte geteilt wird, so daß alle Fälle A_I bis C_III vorkommen, ergibt sich als Mittelwert für den Spannungsabfall:

$$e = i\cdot\omega\cdot 2\cdot 10^{-4}\cdot \ln\frac{\sqrt[3]{abf}}{0{,}779\varrho}\text{ Volt}. \quad (61)$$

Dies bedeutet also, daß der Einfluß der Leitung II für die Induktivität der Leitung I im normalen Betrieb vollkommen aufgehoben ist. Wenn man die Gleichungen 56—58 durch i dividiert, erhält man die Induktanzen jeder der beiden Leitungen (nicht die Gesamtinduktanz beider Leitungen zusammen). Es wird vielfach gewünscht, daß die Leitung wohl verdrillt sei, daß aber immer die gleichen Phasen beider Leitungen auf gleicher Höhe über dem Erdboden liegen. Für diesen Fall hat man so zu verdrillen, daß die Anordnungen nach Abb. A_I, B_I und C_I vorkommen.

Es ergibt sich für diesen Fall der mittlere Spannungsabfall:

$$e = i \cdot \omega \cdot 2 \ln \frac{1}{0{,}779\,\varrho} \sqrt[3]{\frac{a\,b\,c\,d\,m\,f}{g\,h\,n}} \text{ Volt.} \qquad (62)$$

Man kann sich demnach den mittleren Spannungsabfall mit einem gewissen Leitungsabstand berechnet denken, mit dem man den gleichen Induktanzwert erhält. Es ist dies der mittlere geometrische Seilabstand:

$$A = \sqrt[3]{\frac{a\,b\,c\,d\,m\,f}{g\,h\,n}} \text{ in cm.} \qquad (63)$$

Wie sich aus den Endergebnissen der Berechnung der Induktivitäten ergibt, sind sämtliche Formeln auf die gleiche Form gebracht, in denen der mittlere geometrische Abstand der Seile untereinander A und der mittlere geometrische Abstand des Seiles von sich selbst $\varrho_0 = 0{,}779\,\varrho$ vorkommt. Wir hatten bereits aus den Gleichungen 5—6a und 10 den Wert ϱ_0 bestimmt. Es ist hierbei der Seilquerschnitt einer Kreisfläche gleichgesetzt, was ohne weiteres zulässig ist. Eine direkte Bestimmung dieses Wertes ϱ_0 sei in folgendem gegeben:

Der mittlere geometrische Abstand einer Kreisfläche von sich selbst. Der mittlere geometrische Abstand einer Kreisfläche von sich selbst kann nach Breisig in folgender Weise bestimmt werden[1].

Wir müssen zunächst den mittleren geometrischen Abstand g eines Punktes in der Entfernung a vom Mittelpunkt der Kreisfläche mit dem Radius ϱ finden. Dabei soll a kleiner als ϱ sein. Es ist g nach der Definition des mittleren geometrischen Abstandes zu berechnen aus:

$$f \cdot \ln g = \int_f df \cdot \ln \varrho_x. \qquad (64)$$

Es muß die Fläche innerhalb des Radius a und außerhalb desselben unterschieden werden. Es besteht daher die rechte Seite der Gleichung aus 2 Summanden, der erste bezieht sich auf die Kreisfläche bis zum Radius a, der zweite auf die Ringfläche mit den Radien ϱ und a:

$$\ln g = \frac{\pi \cdot a^2}{\pi \cdot \varrho^2} \cdot \ln a + \int_a^\varrho \frac{2\pi\varrho_x}{\pi \varrho^2} \cdot \ln \varrho_x\, d\varrho_x \qquad (65)$$

---

[1] Breisig: Theoretische Telegraphie.

$$= \left(\frac{a}{\varrho}\right)^2 \cdot \ln a + \frac{1}{\varrho^2}\left[\varrho_x^2 \cdot \ln \varrho_x - \frac{\varrho_x^2}{2}\right]_a^\varrho. \tag{66}$$

$$\ln g = \ln \varrho - \frac{1}{2} + \frac{1}{2}\left(\frac{a}{\varrho}\right)^2. \tag{67}$$

g ist hierin der mittlere geometrische Abstand eines Punktes, in der Entfernung a vom Mittelpunkt, der Kreisfläche von dieser Fläche selbst.

Wir können nun den mittleren geometrischen Abstand aller Punkte der Kreisfläche von sich selbst bestimmen. Hierzu haben wir uns die Kreisfläche in konzentrische dünne Ringe zerlegt zu denken und diese Ringe zu integrieren:

$$\pi \cdot \varrho^2 \cdot \ln \varrho_0 = \int_0^\varrho 2\pi \varrho_x \left(\ln \varrho - \frac{1}{2}\right) d\varrho_x + \int_0^\varrho \frac{2\pi \varrho_x^2}{2\varrho^2} d\varrho_x \tag{68}$$

$$= \pi \varrho^2 \left(\ln \varrho - \frac{1}{4}\right) \tag{69}$$

und folglich $\ln \varrho_0 = \ln 0{,}779\,\varrho$. (70)

Der Wert ϱ_0 gibt uns die Entfernung von der Seilachse an, von der aus man sich den Leitungsstrom auf dieselbe Leitung wirkend denken muß.

Man ist gewöhnt, bei der Induktivitätsformel paralleler Leitungen leicht über den Summand $1/4$ bzw. $1/2$ hinwegzugehen. Es ist aber doch empfehlenswert, sich über die Bildung dieses Wertes vollkommene Klarheit zu schaffen.

Der mittlere geometrische Abstand zweier auseinanderliegender Kreisflächen. Der mittlere geometrische Abstand zweier Kreisflächen, die nicht ineinandergreifen, ist gleich ihrem Mittelpunktsabstand. Es wird dies in ähnlicher Weise wie oben berechnet.

Hohlseile. Den mittleren geometrischen Abstand eines Hohlseiles von sich selbst berechnet man folgendermaßen:

Es sei ϱ der äußere, a der innere Radius, das Verhältnis beider $\frac{a}{\varrho} = p$ und ϱ_0 der gesuchte Abstand.

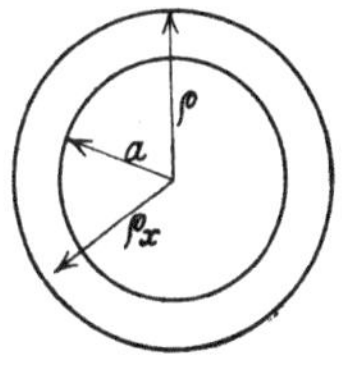

Abb. 9. Mittlerer geometrischer Abstand für Hohlseile.

Es ist für einen Punkt im Abstand b der Ringfläche von der Achse der mittlere geometrische Abstand g zu bestimmen aus:

$$\pi \cdot \varrho^2 \cdot (1-p^2) \cdot \ln g = \pi \cdot \varrho^2 \cdot \left(\frac{b^2}{\varrho^2} - p^2\right)\ln b + \int_b^\varrho 2\pi x \ln x \, dx \tag{71}$$

$$\ln g = \left(\frac{b^2}{2\varrho^2} - p^2 \ln b + \ln \varrho - \frac{1}{2}\right)\frac{1}{1-p^2}. \tag{71a}$$

Nun hat man für alle Punkte von a bis ϱ die Werte g zu integrieren und den mittleren geometrischen Abstand der Fläche von sich selbst ϱ_0 zu bilden, und zwar ist

$$\pi \cdot \varrho^2 \cdot (1-p^2) \cdot \ln \varrho_0 = \frac{1}{1-p^2} \cdot \int_{p\varrho}^{\varrho} 2\pi\, x\, dx \left(\frac{x^2}{2\varrho^2} - p^2 \ln x + \ln \varrho - \frac{1}{2}\right) \quad (72)$$

und man erhält damit

$$\ln \varrho_0 = \ln \varrho + \frac{p^4}{(1-p^2)^2} \cdot \ln p + \frac{1}{4} \cdot \frac{3p^2-1}{1-p^2} \quad (73)$$

oder $\quad \varrho_0 = \varrho \cdot q$.

Es ergibt sich der Wert von q aus folgender Tabelle:

$p = 0{,}9 \quad\quad 0{,}8 \quad\quad 0{,}7 \quad\quad 0{,}6 \quad\quad 0{,}5$
$q = 0{,}97 \quad\; 0{,}94 \quad\; 0{,}91 \quad\; 0{,}88 \quad\; 0{,}85$.

Angenähert kann man auch setzen $q = \dfrac{1+p}{2}$, wenn die Wandstärke des Hohlseiles klein ist also p nahe an den Wert 1,0 kommt.

Man ersieht daraus, daß je größer der Durchmesser in bezug auf die Wandstärke wird, um so mehr nähert sich in der Formel die Induktivität dem Wert $2\ln\dfrac{A}{\varrho}$.

b) Nebenschluß- oder Querwiderstände.

1. Isolationswiderstände und durch sie verursachte Ableitungsströme.

Über die Isolatoren der Freileitung fließen Ableitungsströme. Die Größe derselben ist sehr gering. Man kann annehmen, daß der Isolationswiderstand einer Freileitung einen Wert von etwa 20 Megohm für den Kilometer besitzt. Man könnte bei höheren Spannungen, bei denen meist die Mastabstände größer und die Isolatoren ebenfalls größer sind, als bei niedrigeren Spannungen, den Isolationswiderstand höher ansetzen. Es ist dies aber nicht vorteilhaft, weil die besonders behandelten Koronaverluste, die bei steigender Spannung immer stärker in Erscheinung treten, nicht erst bei der kritischen Spannung einsetzen, sondern schon vorher beginnen. Diese Verluste kann man sich in dem Isolationsverlust erfaßt denken, und es ist daher ratsam, bei dem Wert von 20 Megohm für alle Spannungen zu bleiben.

Der Isolationswiderstand R_q ist ein Wirkwiderstand, er liegt im Nebenschluß zu der Leitung. Es ergibt sich ein der Spannung

Berechnung der Freileitungskonstanten. 33

und Streckenlänge entsprechender Ableitungsstrom, der zu den Leitungsströmen geometrisch zu addieren ist. Es ist ein Wirkstrom und daher in Phase mit der Betriebsspannung.

2. Kapazitive Widerstände und durch sie verursachte Ladeströme.

Wir haben in dem vorhergehenden Abschnitt den Einfluß der Induktivität der Leitung kennengelernt. Wir haben gesehen, daß der die Leitung durchfließende Strom magnetische Wirkungen auf den umgebenden Raum ausübt, dessen Größe für verschiedene Leitungssysteme bestimmt wurde. Diese Stromwellen verursachen in den parallelen Leitungen Spannungsabfälle, deren Vektorlagen um 90^0 den betreffenden Strömen nacheilen. Die Spannungsabfälle wurden aus dem Produkt Strom × Induktanz berechnet. Die Induktanz hängt von einer Anzahl konstanter Werte und von der räumlichen Anordnung des Leitungsgebildes ab.

Neben der magnetischen Wirkung im Raume treten in einer Leitung auch elektrische Wirkungen auf. Während die induktiven Widerstände einer Leitung in Serie mit den ohmschen Widerständen geschaltet zu denken sind, gibt es kapazitive Widerstände abhängig in der Hauptsache von der Leitungsanordnung. Sie liegen normalerweise im Nebenschluß zu den Leitungswiderständen und werden daher auch Querwiderstände genannt. Der Fall einer in den Leitungszug eingefügten Kapazität im normalen Betrieb kommt erst neuerdings vor, wo man Kondensatoren in den Zug der Leitung einbaut, um die Induktivität der Leitung zu kompensieren.

Das von der Betriebsspannung erzeugte elektrische Wechselfeld hängt in seiner Größe außer von der Spannung von dem kapazitiven Widerstand der Leitung ab.

Wir wollen jetzt die Größe dieser Wiederstände, nach Steinmetz auch Kondensanzen genannt, berechnen.

Es ist hierfür ein großer Teil der Arbeit bereits geleistet, da die Kondensanz einer Leistung, abgesehen von einigen Konstanten, von den elektrischen Induktivitäten abhängt, die ähnlich wie die magnetischen Induktivitäten gebildet werden. Es seien die Hauptunterschiede gegenüber den magnetischen Induktivitäten angeführt. Die elektrischen Wellen werden im Gegensatz zu den magnetischen Wellen von Metallflächen und von der Erde, die infolge ihrer Feuchtigkeit als eine gut leitende Fläche angesehen wird, reflektiert. Die Wirkung des elektrischen Feldes erfolgt daher, wenn wir beispielsweise eine Freileitung betrachten, die in einer gewissen Höhe über dem Erdboden angeordnet ist, nicht nur direkt von Leitung zu Leitung, sondern auch über den Umweg der reflektierenden Erdoberfläche.

Ebenso dringt das elektrische Feld nicht in den metallischen Leiter selbst ein, es wird an der Oberfläche reflektiert. Es fällt daher das dem im vorigen Kapitel besonders eingehend berücksichtigten magnetischen Feld entsprechende elektrische Feld im Innern der Leiter fort.

Ebenso wie bei der Bestimmung des induktiven Einflusses, wählen wir zunächst ein einfaches Leitergebilde, bestehend aus 2 parallelen Drähten mit dem Abstand A cm, wobei wir ϱ cm Radius und eine endliche Länge der Strecke annehmen. Hierbei ist noch vorausgesetzt, daß A groß gegenüber ϱ ist. Zwischen den beiden Leitungen bestehe in allen Punkten die Wechselspannung U. Die Folge davon ist, daß ein gewisser Strom di_c, von der Kraftquelle kommend, Verschiebungs- oder Ladestrom genannt, aus jedem Leiterteilchen dL senkrecht zur Oberfläche austritt und sich gleichmäßig im Raum verteilt, um dann wieder schließend in den 2. Leiter zur Kraftquelle zurückzukehren. Diese Stromwelle breitet sich mit Lichtschnelle, also mit $c = 300$ Megameter in der Sekunde aus. Wenn die Rückleitung ein Zylinder mit unendlich großem Radius und das Zwischenmedium, das Dielektrikum homogen wäre, würden sich die Ströme radial ausbreiten. Die spezifische Stromdichte y_c in Amp/km würde quadratisch mit dem Ausbreitungsradius abnehmen.

Wir müssen nun zunächst einen Momentanwert der Spannung U und des Ladestromes $i_c = y_c \cdot L$ ins Auge fassen. Betrachten wir nun einen Punkt P im Raum in der Entfernung a von einem Leiter, den zweiten Leiter nicht vorhanden annehmend, so ist die Wirkung, die wir Feldstärke nennen, des Momentanwertes des Ladestromes y_c eines Leiterteilchens dL folgendermaßen zu berechnen. Es ist:

$$d\mathfrak{E}_P = \varepsilon \cdot 9 \cdot 10^6 \cdot y_c \frac{dL}{x^2} \cdot \sin \alpha, \qquad (75)$$

wenn wir mit y_c den Ladestrom pro Kilometer, mit x die Länge des Strahles des betreffenden Leiterteilchens dL von P und mit α den Winkel zwischen dem Strahl x und L bezeichnen. ε ist die Dielektrizitätskonstante. Sie kann, da wir die Berechnung für Leiter in Luft durchführen und daher für Luft $\varepsilon = 1$ haben, fortbleiben. Der Faktor $9 \cdot 10^6$ ergibt sich daraus, daß wir die elektrischen Größen in dem elektromagnetischen praktischen Maßsystem erhalten wollen. Wir integrieren diese Glei-

Berechnung der Freileitungskonstanten.

chung, um die Wirkung des ganzen Leiters zu erhalten (siehe Abb. 6):

$$\mathfrak{E}_P = 9 \cdot 10^6 \int_{2\pi}^{0} \frac{y_c}{x^2} \cdot dL \sin \alpha \qquad (76)$$

und erhalten

$$\mathfrak{E}_P = 9 \cdot 10^6 \cdot \frac{2}{a} \cdot y_c \text{ Volt/cm}. \qquad (77)$$

Für einen Punkt an der Leiteroberfläche des runden Leiters mit dem Radius ϱ ist

$$\mathfrak{E}_\varrho = 9 \cdot 10^6 \cdot \frac{2}{\varrho} \cdot y_c \text{ Volt/cm}. \qquad (78)$$

Wenn wir nun die Wirkung auf den Punkt P von beiden Leitungen der Einphasenstrecke bestimmen wollen, so ist zunächst festzustellen, daß aus dem Leiter 1 mit der Entfernung a von P Ströme $+ y_c$ Amp. pro Kilometer austreten, während in den Leiter 2 in der Entfernung b von P Ströme $- y_c$ pro Kilometer eintreten. Es ergibt sich damit die Feldstärke in P:

$$\mathfrak{E}_{ab} = 9 \cdot 10^6 \cdot y_c \left(\frac{2}{a} - \frac{2}{b}\right) \text{ Volt/cm}. \qquad (79)$$

Wenn zwischen 2 nahe liegenden Punkten eine bestimmte Feldstärke herrscht, so wird dieselbe verursacht durch eine bestimmte Potentialdifferenz. Wenn wir demnach diese Potentialdifferenz oder Spannung U über eine längere Linie hin wissen wollen, müssen wir das Integral von $\mathfrak{E}$ über die ganze Strecke bilden, also

$$U = \int_0^x \mathfrak{E} \, dx. \qquad (79\,\text{a})$$

Im vorliegenden Falle für Gleichung (79) haben wir einmal von 0 bis a zum Leiter 1 und von 0 bis b für den Leiter 2 zu integrieren und erhalten für den betr. Zeitpunkt den Momentanwert:

$$dU = 9 \cdot 10^6 \cdot y_c (2 \ln a - 2 \ln b) \cdot dt. \qquad (80)$$

Wir haben von vornherein angenommen, daß es sich um reine Sinuswellen der Spannung handelt, es muß also auch y_c ebenfalls in gleicher Weise harmonisch schwingen, da die übrigen Größen konstante Werte sind. Für Sinuswellen ist

$$U = U_{\max} \cdot \sin \omega t \qquad (81)$$

und daher

$$\frac{dU}{dt} = \omega \cdot U_{\max} \cos \omega t = \omega \, U_{\max} \sin(\pi - \omega t). \qquad (82)$$

Wenn man nun für U und y_c Effektivwerte einsetzt und die Streckenlänge L in Kilometern hinzusetzt, erhält man:

$$U = \frac{9 \cdot 10^6}{\omega} y_c \cdot 2L \cdot (2\ln a - 2\ln b) \underline{|-90^0}. \qquad (83)$$

Wenn man die oben angeführte Einphasenleitung nimmt und den Betrachtungspunkt P in die Achse einer Leitung verlegt, erhält man

$$U = \frac{9 \cdot 10^6}{\omega} 2(2\ln A - 2\ln \varrho) \underline{|-90^0} \text{ Ohm}. \qquad (84)$$

Man bezeichnet nun den für ein Leitungsgebilde konstanten Wert,

$$K = \frac{9 \cdot 10^6}{\omega}(2\ln a - 2\ln) \underline{|-90^0} \text{ Ohm/km}, \qquad (85)$$

der eine Widerstandsgröße ist als Kondensanz.

Es ist dieser kapazitive Blindwiderstand der Wert einer Leitung allein. Er wird auch als **Betriebskondensanz** bezeichnet. Für Hin- und Rückleitung erhält man beispielsweise für die Einphasenleitung

$$U = 2K \cdot y_c \cdot L \underline{|-90^0} \text{ Volt} \qquad (86)$$

oder es wird der Ladestrom

$$y_c = \frac{U}{2} \cdot \frac{L}{K} \underline{|+90^0} \text{ Amp./km}. \qquad (87)$$

Man kann also sagen: Der Ladestrom pro Kilometer ist = der halben Spannung mal Länge, dividiert durch die Kondensanz. Die halbe Spannung ist die Phasenspannung der Einphasenleitung. Bei Drehstrom ist in identischer Weise der Ladestrom

$$y_c = \frac{U}{\sqrt{3}} \cdot \frac{L}{K} \underline{|90^0}, \qquad (88)$$

da $\dfrac{U}{\sqrt{3}}$ die Phasenspannung ist.

Wir haben durchweg überall Kapazitäts- und Induktivitätswerte als Werte je Phase genommen. Es vereinfachen sich dadurch die Berechnungen, weil wir für Einphasen- und Drehstromleitungen Werte gleicher Größe erhalten. Die zugehörige Phasenspannungen sind $\dfrac{U}{2}$ bzw. $\dfrac{U}{\sqrt{3}}$. Leider ist es nicht üblich, diese Werte zu gebrauchen und man muß daher um Irrtümer zu vermeiden, nach Möglichkeit mit den verketteten Werten rechnen.

Der Raum zwischen den Leitungen — das Dielektrikum — hat bei der Betriebsfrequenz und unter entsprechender Berücksichtigung der räumlichen Anordnung einen bestimmten Widerstandswert. Infolge der zwischen den beiden Leitungen herrschenden Spannung fließt ein Verschiebungsstrom der in seiner Größe proportional $\dfrac{U}{K}$ ist und um 90° der Spannung voreilt. Dieser Strom muß von der Kraftquelle geliefert werden. Er setzt sich, durch die Leitung als Ladestrom fließend, mit den sonstigen Strömen in der Leitung zu einem resultierenden Strom zusammen.

Bei mehreren Leitungen und bei Drehstrom ergeben sich ähnliche Formeln. Es ist dabei das für die Induktanzen Gesagte sinnentsprechend zu berücksichtigen.

Die Kondensanzen für Seilabstände von 100 cm bis 1000 cm und Seilradien von 0,1—10 cm sind aus den Diagrammen Abb. 6 und 7 zu entnehmen.

Der mittlere geometrische Abstand bei ungleichem Abstand wird ebenso wie bei Induktanzen bestimmt, bei 3 Leitungen nach der Formel (54) und (55) und bei 6 Leitungen evtl. nach Formel (63).

Die genaue Auflösung der Maxwellschen Gleichungen ergeben die sog. Betriebskapazität und die Erdkapazität. Sie sind in einem Aufsatz von Petersen, ETZ 1916, 513ff. enthalten.

Die Drehstromkondensanz für eine Phase und 1 km Strecke bei Dreieckanordnung der Leitungen mit dem Abstand A cm erhält man aus:

$$K = \dfrac{9 \cdot 10^6}{\omega} \cdot 2 \ln A - \dfrac{9 \cdot 10^6}{\omega} \cdot 2 \ln \varrho \text{ Ohm} \qquad (89)$$

$$K = 132 \lg A - 132 \lg \varrho \text{ Kiloohm} \qquad (90)$$

$$K = A_A - K_\varrho. \qquad (91)$$

Die Kondensanzen werden der bequemeren Rechnung halber in Kiloohm gemessen.

Man vergleiche mit diesen Gleichungen die für die Induktanzen gegebenen Nr. 40 und 41 und man sieht die große Übereinstimmung in ihrem Aufbau.

Man muß, es sei besonders darauf hingewiesen, zur Berechnung der Ladeströme stets mit der Phasenspannung rechnen. Ferner sind alle Leitungen des Systems zu berücksichtigen. Fremde Leitungen wirken ebenfalls ein, aber auf diese Fälle soll hier nicht eingegangen werden. S. Abb. 6 und Abb. 7.

Berücksichtigung des Abstandes gegen Erde. Wir sagten bereits vorher, daß eine Reflexion der elektrischen Strahlen an der Erdoberfläche stattfindet. Wenn es sich um eine Wasserfläche oder sehr feuchten Boden handelt, stimmt die Berechnung. Wenn es aber eine Leitung ist, die in sehr trockenem Boden, Felsen, ohne Grundwasserspiegel verlegt ist, trifft die Annahme der Spiegelung an der Erdoberfläche nicht mehr zu. Die spiegelnde Fläche liegt dann eben tiefer im Erdboden. Glücklicherweise spielt diese Wirkung für den normalen Betrieb keine besondere Rolle. Die Bestimmung der Abstände zwischen Leitungen über eine Brechungsfläche führt man am besten graphisch aus, indem man den Querschnitt der Leitung selbst und ihr Spiegelbild aufzeichnet. Man erhält damit die genauen Brechungsabstände. Es ist zu beachten, daß die reflektierten Spannungen ihr Vorzeichen umkehren (Abb. 10).

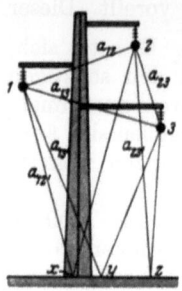

Abb. 10. Direkte und reflektierte Phasenabstände einer Drehstromleitung.

Für die einfache Dreiphasenleitung unter Voraussetzung gleicher Phasenspannungen und mit richtigen zeitlichen Phasenabständen von je 120° untereinander, erhält man folgendes:

Zunächst berechnet man die einzelnen Kondensanzen beispielsweise für den Leiter 1:

$$K_{11} = \frac{9 \cdot 10^6}{\omega} \cdot 2 \ln a_{11} \qquad (92)$$

$$K_{12} = \frac{9 \cdot 10^6}{\omega} \cdot 2 \ln a_{12} \qquad (93)$$

$$K_{13} = \frac{9 \cdot 10^6}{\omega} \cdot 2 \ln a_{13}, \qquad (94)$$

worin a die Abstände der Leitung 1 von sich selbst (a_{11}), vom Leiter 2 (a_{12}) und vom Leiter 3 (a_{13}) sind.

Man erhält damit folgende Gleichungen:

$$\left. \begin{array}{l} U_1 = i_1 \cdot K_{11} + i_2 \cdot K_{12} + i_3 \cdot K_{13} \\ - i_1 \cdot K'_{11} - i_2 \cdot K'_{12} - i_3 \cdot K'_{13} \end{array} \right\} \qquad (95)$$

$$\left. \begin{array}{l} U_2 = i_1 \cdot K_{12} + i_2 \cdot K_{22} + i_3 \cdot K_{23} \\ - i_1 \cdot K'_{21} - i_2 \cdot K'_{22} - i_3 \cdot K'_{23} \end{array} \right\} \qquad (96)$$

$$\left. \begin{array}{l} U_3 = i_1 \cdot K_{13} + i_2 \cdot K_{23} + i_3 \cdot K_{33} \\ - i_1 \cdot K'_{31} - i_2 \cdot K'_{32} - i_3 \cdot K'_{33} \end{array} \right\} . \qquad (97)$$

Die reflektierten Werte sind durch ' gekennzeichnet.

Im allgemeinen sind die Phasenspannungen U_1, U_2 und U_3 gegeben, und gesucht werden die Ströme i_1, i_2 und i_3. Man muß daher obige Gleichungen nach den 3 Stromwerten auflösen, was ohne weiteres möglich ist. Die Umrechnung geschieht am besten gleich mit den ausgerechneten Werten der Kondensanzen. Es ist eine etwas beschwerliche Rechnung, da die linearen Gleichungen mit Zahlenwerten großer Stellenzahl aufgelöst werden

Berechnung der Freileitungskonstanten. 39

müssen, um einigermaßen genaue Resultate zu ergeben. Es können für die Auflösung dieser linearen Gleichungen die bekannten Methoden angewendet werden.

Wenn die Leitung einen im Verhältnis der gegenseitigen Abstände der Seile großen Abstand gegen Erde aufweist, so daß die reflektierten Längen sich verhältnismäßig wenig unterscheiden, werden die reflektierenden Kondensanzen annähernd gleich groß, und da dann auch die Ladeströme ebenfalls wenig verschieden sein werden, kann man die negativen Werte obiger Gleichungen fortlassen, d. h. also, der Einfluß der reflektierenden Oberfläche kann unbeachtet bleiben.

Auf alle Fälle steht der Aufwand an Rechnung, der gemacht werden muß, um die Gleichungen Nr. 95—97 aufzulösen, in keinem Verhältnis zu der vergrößerten Genauigkeit.

Dies gilt jedoch nur für die Berechnungen des normalen Betriebes. Etwas anderes ist es, wenn eine Phase Erdschluß hat oder ähnliches, dann dürfen bei der Berechnung der wirksamen Kapazität die Abstände gegen Erde nicht vernachlässigt werden.

Wenn man entweder bei Anordnung der Seile im Dreieck bzw. bei Verdrillung der Leitung die 3 Ladeströme als gleich ansehen kann, so ergibt sich für alle 3 Phasen der gleiche Kondensanzwert, indem man mit dem mittleren geometrischen Abstand der Seile $= A$ rechnet. Die mittleren geometrischen Abstände werden in der üblichen Weise, wie bei Berechnung der Induktivitäten bestimmt.

Schutzseile. Die Leitungsstrecke wird häufig mit einem oder mehreren Schutzseilen ausgerüstet. Der Zweck des Schutzseiles ist, bei Gewitterneigung das Potentialniveau des elektrostatischen Feldes der Luft in der Nähe des Leiters herunterzudrücken, so daß die Leiter keine zu hohen statischen Ladungen aufnehmen und Überschläge nach Möglichkeit vermieden werden. Durch das Blitzseil wird der kapazitive Widerstand der Leitung gegen Erde verringert.

Einen Nutzen bietet das Erdseil dadurch, daß es die Erdung von Masten verbessert, die in trockenem Boden stehen, da das Blitzseil die Erdungen sämtlicher Maste verbindet. Starke Ladeströme werden im Kurzschlußfall besser und ohne zu hohe Widerstände zur Erde geführt, indem sie sich auf die einzelnen geerdeten Maste verteilen können.

Bei direkten Blitzschlägen in die Eisenmaste der Leitung wird die Verringerung des Erdwiderstandes durch das Blitzseil verhindern können, daß ein Überschlag von dem Blitz betroffenen Mast, der ein sehr hohes Potential annimmt, in die Leiterseile erfolgt.

Bei normalem Betrieb spielen die Erdseile keine große Rolle, es kann ihr Einfluß auf die Berechnung im allgemeinen vernachlässigt werden[1].

B. Berechnung der Kabelkonstanten.

Bei unterirdischen Kabeln hat man in ähnlicher Form wie bei Freileitungen die Widerstandswerte zu berechnen.

Die Wirkwiderstände bestimmt man in genau gleicher Weise wie bei Freileitungen.

Bezüglich der Kabelquerschnitte ist zu bemerken, daß dieselben für genaue Normalquerschnitte ausgeführt werden. Bei der Berechnung der Wirkwiderstände hat man ferner zu beachten, daß man für unterirdische Kabel weiches Kupfer nimmt, dessen Widerstand 2 vH kleiner ist als der des harten Kupfers (also 17,5 Ohm/km-mm² bei 15° C). Wegen des Dralles (+ 2 vH) und wegen der für unterirdische Kabel zulässigen Erwärmung von 40° (15° Erdtemperatur + 25° Erwärmung), empfiehlt es sich mit einem Kupferwiderstand von 19,6 Ohm/km-mm² zu rechnen.

Die induktiven und kapazitiven Widerstände werden mit den vom Hersteller der Kabel gegebenen Werten berechnet. Es sei:

$l =$ Induktivität je Phase in Milli-Henry/km,
$c =$ Betriebskapazität in Mikro-Farad/km

und man bekommt daraus:

Die Induktanz

$$S = \frac{L \cdot \omega \cdot l}{1000} \text{ Ohm.} \tag{98}$$

Die Kondensanz

$$K = \frac{1000}{L \cdot \omega \cdot c} \text{ Kiloohm.} \tag{99}$$

Die Kondensanz läßt sich auch aus den Kabeldimensionen berechnen. Nennen wir in Zentimeter gemessen beim **Einphasenkabel**, den Seilradius ϱ, den inneren Radius des Bleimantels R und die Dielektrizitätskonstante ε_{Di}, so erhält man:

$$K_1 = \frac{9 \cdot 1000}{\varepsilon_{Di} \cdot \omega} \cdot 2 \ln \frac{R}{\varrho} \text{ in Kiloohm je km.} \tag{100}$$

---

[1] Siehe auch Rüdenberg: ETZ **1921**, Heft 31 und ETZ **1926**, Heft 11 u. 12.

Ebenso ist für **Drehstromkabel**, wenn wir den Abstand in Zentimetern von der Mittelachse des Kabels von der des Einzelleiters a nennen:

$$K_3 = \frac{9 \cdot 1000}{\varepsilon_{Di} \cdot \omega} \cdot 2 \ln \frac{a}{\varrho} \cdot \sqrt{\frac{\left(1 - \frac{a^2}{3R^2}\right)^3}{1 - \left(\frac{a^2}{3R^2}\right)^3}} \text{ in Kiloohm je km}^1. \quad (101)$$

Die Induktanz eines solchen Kabels berechnet man ebenso wie bei einer Freileitung zu:

$$S = (0{,}1447 \cdot \lg b - 0{,}1447 \cdot \lg 0{,}778\,\varrho) \cdot L \text{ in Ohm.} \quad (102)$$

b ist dabei der gegenseitige Abstand der 3 Seile.

Ähnliche Formeln kann man auch für konzentrische Kabel aufstellen. Die Anwendung solcher Kabel ist aber nur beschränkt.

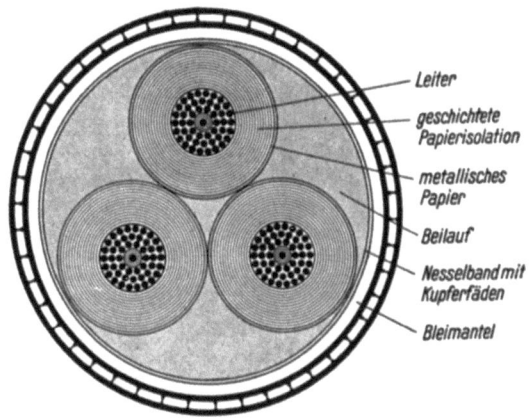

Abb. 11. Querschnitt eines Höchstädter-Kabels[2].

Neue konzentrische Kabel werden kaum mehr hergestellt werden, so daß es sich erübrigt, die Leitungswerte hier anzugeben.

In den Kabeln treten Wattverluste, sog. dielektrische Verluste auf. Man bestimmt daraus, wenn die kW-Verluste nach Angabe des liefernden Werkes N_{Di} kW für einen Kilometer Strecke betragen, den dielektrischen Widerstand

$$W_{Di} = \frac{U^2}{N_{Di}} \text{ Kiloohm/km.} \quad (103)$$

---

[1] Siehe Lichtenstein: ETZ **1904**, 126 und Klein: Kabeltechnik. Berlin: Julius Springer.

[2] Ludin: VDE-Tagung, Danzig 1925 und ETZ **1926**, 1143.

Das Problem der Einphasenbleikabel für Drehstrombetrieb wird in einem besonderen Abschnitt behandelt werden.

Dreileiterkabel nach den Patenten von Höchstädter sind folgendermaßen zusammengebaut. Jeder Leiter erhält über seine Isolation eine leitende Schicht, sei es Metallfolie, sei es ein metallisierter Überzug. Die drei so hergestellten Leiter werden unter Einfügung von Füllmaterial von einem Bleimantel umpreßt und in der üblichen Weise armiert. Diese Konstruktion des Kabels bietet große Vorteile in bezug auf die elektrische Feldverteilung, so daß H-Kabel für höhere Spannungen allgemein verwendet werden. Es ergeben sich beim H-Kabel Verluste in der Metallfolie bzw. der metallisierten Papierschicht (Abb. 11 und 12).

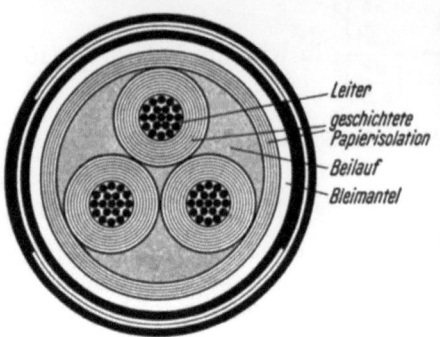

Abb. 12. Querschnitt eines normalen Kabels[1].

Donald M. Simons gibt[2] folgende Tabelle über diese Verluste.

Tabelle 5.

Nr.	Querschnitt mm²	Isolationsstärke mm	Betriebsspannung kV	Verluste in der Metallschicht in vH der Kupferverluste vH
1	203	10,7	35	1,9
2	177	8,75	33	1,4
3	507	4,75	13	4,1

Die oben gegebenen Formeln zur Bestimmung der Kondensanzen sind nur Annäherungen für die Fälle, wo der Abstand der Seile groß gegenüber diesem Durchmesser ist. Bei Kabeln empfiehlt es sich nach Mahlke[3] folgendermaßen zu rechnen:

Die genaue Formel der Kondensanz eines Zylinders vom Radius ϱ cm gegen eine Fläche im Abstand h cm ist

$$K_1 = \frac{9 \cdot 1000}{\varepsilon_{Di} \cdot \omega} 2 \ln \left(\frac{h}{\varrho} + \sqrt{\left(\frac{h}{\varrho}\right)^2 - 1} \right) \text{ Kiloohm je km.} \quad (104)$$

---

[1] Ludin: VDE-Tagung, Danzig 1925 und ETZ **1926,** 1143.
[2] Electric Journal **1927,** 115.
[3] F.- u. G.-Rdsch. **1928,** H. 3.

Berechnung der Kabelkonstanten.

Man kann nun für den Logarithmus $\ln\left(\frac{h}{\varrho} + \sqrt{\left(\frac{h}{\varrho}\right)^2 - 1}\right) = x$ setzen, woraus wiederum folgt

$$e^x = \frac{h}{\varrho} + \sqrt{\left(\frac{h}{\varrho}\right)^2 - 1}. \tag{105}$$

Ebenso ist

$$e^{-x} = \frac{1}{\frac{h}{\varrho} + \sqrt{\left(\frac{h}{\varrho}\right)^2 - 1}}. \tag{106}$$

Die letztere Gleichung wird im Zähler und Nenner mit $\frac{h}{\varrho} - \sqrt{\left(\frac{h}{\varrho}\right)^2 - 1}$ multipliziert, und man erhält

$$\frac{1}{2}(e^x + e^{-x}) = \frac{h}{\varrho}. \tag{107}$$

Dieser Wert ist aber auch $= \mathfrak{Cof}\, x$. Also wird

$$x = \mathfrak{Ar\, Cof}\, \frac{h}{\varrho}. \tag{108}$$

Dieser Wert ist sehr leicht in einer Tafel der Hyperbelfunktionen zu finden.

Die Kondensanz wird:

$$K_1 = \frac{9 \cdot 1000}{\varepsilon_{D_1} \cdot \omega} \cdot 2\, \mathfrak{Ar\, Cof}\, \frac{h}{\varrho} \text{ Kiloohm je km}. \tag{109}$$

Ebenso ist
für 2 parallele Zylinder im Abstand a cm und gleichem Radius ϱ:

$$K_1 = \frac{9 \cdot 1000}{\varepsilon_{D_1} \cdot \omega} \cdot 2\, \mathfrak{Ar\, Cof}\, \frac{a}{\varrho} \text{ Kiloohm je km und je Phase}. \tag{110}$$

Für 2 parallele Zylinder mit den Radien ϱ_1 und ϱ_2 im Abstand a voneinander ergibt sich:

$$K_{11} = \frac{9 \cdot 1000}{\varepsilon_{D_1} \cdot \omega} \cdot 2\, \mathfrak{Ar\, Cof}\, \frac{a^2 - (\varrho_1^2 + \varrho_2^2)}{2\varrho_1 \cdot \varrho_2}. \tag{111}$$

Für einen Zylinder vom Radius ϱ im Innern eines Hohlzylinders mit dem Radius R im Abstand a von der Mitte:

$$K = \frac{9 \cdot 1000}{\varepsilon_{D_1} \cdot \omega} \cdot 2\, \mathfrak{Ar\, Cof}\, \frac{R^2 + \varrho^2 - a^2}{2R\varrho} \text{ Kiloohm je km}. \tag{112}$$

Die Mindestisolationsstärken sind für Einphasenkabel

$$d = 0{,}14 + 0{,}36\, U \text{ Zentimeter},$$

für Drehstromkabel

$$d = 0{,}17 + 0{,}38\, U \text{ Zentimeter}.$$

Tabelle 6. Induktanz von normalen Drehstromkabeln und Drehstrom-H-Kabeln für 50 Hertz in Ohm je Kilometer.

Querschnitt	Betriebsspannung					
	10 kV		20 kV		30 kV	
mm²	Dr.	H	Dr.	H	Dr.	H
25	0,098	0,118	0,114	0,141	—	—
35	0,094	0,112	0,109	0,133	—	—
50	0,089	0,106	0,102	0,125	0,115	0,142
70	0,085	0,101	0,098	0,119	0,109	0,135
95	0,082	0,096	0,093	0,113	0,104	0,128
120	0,080	0,093	0,090	0,109	0,100	0,123
150	0,078	0,090	0,088	0,106	0,097	0,119
185	0,076	0,087	0,086	0,102	0,094	0,115
240	0,075	0,085	0,083	0,095	0,091	0,110

Tabelle 7. Betriebskondensanz von Drehstrom- und Einleiter- bzw. H-Kabeln für 50 Hertz in Kiloohm je Kilometer.

Querschnitt	Betriebsspannung					
	10 kV		20 kV		30 kV	
mm²	Dr.	E + H	Dr.	E + H	Dr.	E + H
25	15,5	14,5	19,3	19,4	—	—
35	14,2	13,0	17,7	17,3	—	—
50	12,5	11,3	15,8	15,6	—	—
70	11,4	10,0	14,5	14,2	16,8	17,7
95	10,3	9,0	13,3	12,8	15,2	15,9
120	9,5	8,2	12,3	11,8	14,5	14,8
150	8,9	7,5	11,8	10,9	13,8	13,8
185	8,3	6,9	11,3	10,1	13,0	13,0
240	7,7	6,3	10,5	9,4	12,0	12,0

Tabelle 8. Die dauernd zulässige Strombelastung für unterirdische armierte Bleikabel.

Querschnitt	Einfachkabel bis	Verseilte Dreileiterkabel für				Verseilte Vierleiterkabel für
	1 kV	6 kV	10 kV	20 kV	30 kV	1 kV
mm²	Ampère					
25	170	107	105	98	—	105
35	210	132	125	118	—	125
50	260	162	155	140	135	155
70	320	196	190	175	165	190
95	385	235	225	210	200	225
120	450	270	260	245	230	255
150	510	308	300	280	260	295
185	575	350	340	315	295	335
240	670	410	400	370	—	390

Berechnung der Kabelkonstanten.

Die Belastung unterirdischer Kabel ist nach den VDE-Vorschriften geregelt. Die Strombelastungen sind für 25° C Übertemperatur und Verlegung in 70 cm Tiefe im Erdboden für Einzelverlegung berechnet.

Bei 2 Kabeln im Graben muß man die Strombelastungen um 10 vH, bei 3 und 4 Kabeln um 20 vH, bei 5 und 6 Kabeln um 25 vH, bei 7 und 8 Kabeln um 30 vH herabsetzen.

Siehe Belastungstabelle Nr. 8.

Drehstrom-H-Kabel lassen eine 12—15 vH höhere Belastung zu als normale Drehstromkabel.

Die zulässige Kabelbelastung läßt sich auch aus den Kabeldimensionen bestimmen.

Nennen wir:

$n =$ die Anzahl der Leiter im Kabel
$l =$ die Verlegungstiefe in cm
$D_L =$ Leiterdurchmesser in cm
$D_H =$ Leiterhüllkreis in cm
$D_1 =$ den Durchmesser über der Isolation in cm
$D_2 =$,, ,, ,, dem Bleimantel in cm
$D_3 =$,, ,, ,, der Juteschicht über dem Bleimantel in cm
$D_4 =$,, ,, ,, der Armierung in cm
$D_a =$ den Außendurchmesser des Kabels in cm

Ferner sei:

$$D_a' = G \cdot D_a$$

$$G = \frac{D_1 \cdot D_3}{D_2 \cdot D_4} \cdot n \sqrt{\frac{D_H + (n-1) D_L}{n D_L}}. \tag{113}$$

Es ist dann der Wärmewiderstand der Kabelisolation

$$S_K = \frac{\sigma_K}{2\pi} \cdot \ln \frac{D_a'}{D_H}. \tag{114}$$

Der Wärmewiderstand der Erde ist

$$S_E = \frac{\sigma_E}{2\pi} \cdot \ln \frac{4l}{D_a}, \tag{115}$$

und es ergibt sich damit nach Teichmüller für eine bestimmte Erwärmung ϑ über der Erdtemperatur.

$$I = \frac{316}{\sqrt{n} \cdot \sqrt{r_s}} \cdot \sqrt{\frac{Q \cdot \vartheta}{S_K + S_E}} \text{ Ampère.} \tag{116}$$

Es ist $\sigma_K = 550$, $\sigma_E = 40$ und Q der Querschnitt jedes Leiters in mm², r_s in Ohm/km·mm² der spezifische Widerstand bei der Kabeltemperatur[1].

Die Bleimantelverluste von verseilten Drehstromkabeln steigen mit wachsendem Querschnitt. Man kann rechnen, daß dieselben quadratisch steigen. Sie werden dadurch berücksichtigt, daß man den Wirkwiderstand um einen gewissen vom Hundertsatz erhöht. Man kann ungefähr rechnen für:

Tabelle 9.

$Q =$ 50	70	95	120	150	185	240 mm²
mit 1,0	1,8	2,5	3,5	5	6,5	10 vH

Die Bleimantelverluste von drei Einphasenkabeln im gegenseitigen Abstand von 15 cm können ungefähr nach folgender Tabelle angenommen werden:

Tabelle 10. Bleimantelverluste.

Q mm²	10 kV vH	20 kV vH	30 kV vH
25	2	2,4	—
35	3	3,4	—
50	4,6	5,0	5,7
70	6,6	7,4	8,5
95	9,7	11,0	11,7
120	12,5	14,5	15,7
150	17	18,3	20,0
185	21	24	26
240	29,3	33	35
300	39	42	46
400	56	61	62

Über Einphasenkabel s. auch S. 139 u. ff.

C. Transformatorenkonstanten.

a) Zweiwicklungstransformatoren.

Die Transformatoren kann man als einen Teil der Leitung auffassen. Denken wir uns zunächst einmal, daß ein Transformator das Leerlaufübersetzungsverhältnis 1:1 hat, so kann man ihn

---

[1] Die Erwärmung der Kabel bei variabler Last wird behandelt von Herzog und Feldmann: Berechn. elektr. Leitungsnetze S. 327, Berlin: Jul. Springer 1927; ferner von Teichmüller und Humann: ETZ **1906**, 579; Apt: ETZ **1908**, 407.

sich durch zwei in Reihe geschaltete Wickelungen, also durch zwei ohmsche und zwei induktive Widerstände ersetzt denken (Abb. 13). Den zur Magnetisierung des Eisens erforderlichen Magnetisierungsstrom i_M sowie den für Hysterese und Wirbelströme erforderliche Wirkstrom i_{Fe} kann man sich als zwischen den beiden Wicklungen wirkende Abzweige denken. Es ergibt sich das Ersatzschema I mit dem ohmschen und mit dem induktiven Widerstand r_1 und s_1 der primären Wicklung und den entsprechenden Werten der sekundären Wicklung r_2 und s_2. Zwischen beiden sind abgezweigt 2 Nebenschlußwiderstände, ein ohmscher Widerstand R_{Fe} für die Eisenverluste und ein induktiver Widerstand S_M für den Magnetisierungsstrom.

Da im allgemeinen die Werte $r_1 = r_2$ und $s_1 = s_2$ zu sein pflegen, kann man das Ersatzschema I in ein entsprechendes II verwandeln. Bei diesem wird $s_T = s_1 + s_2$ und $r_T = r_1 + r_2$ gesetzt und je 2 Nebenschlußwiderstände $2 R_{Fe}$ und $2 S_M$ als an den Ein- und Ausgangsklemmen des Transformators angeschlossen angenommen. Die Ersatzschaltung II ist für die Praxis genügend genau und gestattet eine einfache Einfügung des Transformators in die Leitungsberechung und ist daher dem Schema I vorzuziehen.

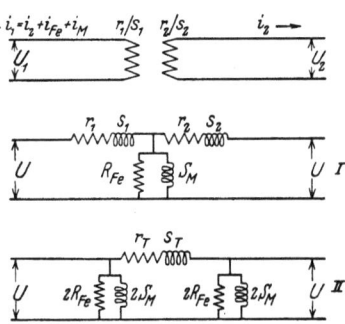

Abb. 13. Ersatzschaltungen für Transformatoren.

Meist sind für einen Transformator folgende Größen gegeben: Die Scheinleistung N_s in kVA, ε_k die Kurzschlußspannung in vH, die Eisen- und Kupferverluste V_{Fe} und V_{Cu} in kW und der Magnetisierungsstrom i_M in vH des Normalstromes. Man muß für die Berechnung die Bezugsspannung wählen, die auch für die übrigen Teile der Leitung gilt. Man berechnet daraus die Leitungswiderstände für das Ersatzschema II wie folgt, wenn i_N die Normalstrom und U die verkettete Bezugsspannung in kV ist:

$$V_{Cu} = 3 i_N^2 \cdot r_T \cdot \frac{1}{1000} \text{ in kW} \qquad (117)$$

$$i = \frac{N_s}{\sqrt{3} \cdot U} \text{ in Amp.} \qquad (118)$$

$$r_T = \frac{V_{Cu} \cdot U^2}{N_s^2} \cdot 1000 \text{ in Ohm.} \qquad (119)$$

Wenn statt dessen der ohmsche Spannungsabfall ε_r in vH der Bezugsspannung gegeben ist, macht man folgende Berechnung:

$$U \cdot \frac{1000 \cdot \varepsilon_r}{100} = i_N \cdot \sqrt{3} \cdot r_T \qquad (120)$$

und daraus:

$$r_T = \frac{10 \cdot \varepsilon_r \cdot U^2}{N_s} \text{ in Ohm.} \qquad (121)$$

Die Kurzschlußspannung ist bekanntlich die Spannung, die einem sekundär kurzgeschlossenen Transformator primär zugeführt werden muß, damit der Normalstrom fließt. Die Kurzschlußspannung entspricht dem ohmschen und dem induktiven Spannungsabfall, sie wird meist in vH der Normalspannung gegeben.

Die Induktanz ermittelt man aus der Streuspannung

$$\varepsilon_s = \sqrt{\varepsilon_k^2 - \varepsilon_r^2} \qquad (122)$$

und man erhält damit entsprechend Formel Nr. 121

$$s_T = \frac{10 \cdot \varepsilon_s \cdot U^2}{N_s} \text{ in Ohm.} \qquad (123)$$

Der Eisenverlustwiderstand R_{Fe} ist folgendermaßen zu berechnen:

$$V_{Fe} = 3 \cdot i_{Fe}^2 \cdot R_{Fe} \text{ in kW} \qquad (124)$$

$$i_{Fe} = \frac{V_{Fe}}{\sqrt{3} \cdot U} \text{ in Amp.} \qquad (125)$$

$$R_{Fe} = \frac{U^2}{V_{Fe}} \text{ in Kiloohm.} \qquad (126)$$

Ebenso der Magnetisierungswiderstand

$$N_M = 3 \cdot i_M^2 \cdot S_M = 3 \cdot \frac{N_M^2}{(\sqrt{3} \cdot U)^2} \cdot S_M \text{ in kW} \qquad (127)$$

$$S_M = \frac{U^2}{N_M} \text{ in Kiloohm.} \qquad (128)$$

Dadurch, daß man konstante Werte für R_{Fe} und S_M einführt, begeht man einen Fehler, der aber tragbar ist, weil man in praktischen Fällen einen Transformator immer mit einer Spannung betreiben wird, die nur um wenige vH von der normalen Spannung abweicht. Außerdem ist anzunehmen, daß der Transformator, wie es bei modernen Transformatoren üblich ist, mit einer Induktion unterhalb des Knies arbeitet, wo die Spannung fast proportional mit dem Magnetisierungsstrom ansteigt. Es wäre des ferneren noch hinzuzufügen, daß infolge der Kleinheit des Magnetisierungsstromes dieser bei der Leitungsberechnung häufig überhaupt nicht beachtet wird.

Wer ganz genau gehen will, muß sich die Magnetisierungscharakteristik beschaffen und S_M für verschiedene Spannungen als Kurve auftragen und damit rechnen.

Der Magnetisierungsstrom pflegt je nach Größe des Transformators und Spannung 1,5—5 vH des normalen Vollaststromes zu betragen (siehe Tabelle 11).

Der angenäherte Spannungsverlust in einem Transformator ist

$$\varepsilon_v = \frac{N}{10 \cdot U^2}(r_T + s_T \operatorname{tg} \varphi) \qquad (129)$$

ohne Berücksichtigung des Magnetisierungsstromes.

Tabelle 11. Transformatorendaten.

Transformatorengröße		100	1000	10 000	50 000 kVA
Oberspannung:					
10 kV	ε_{Fe}	0,63	0,45	0,27	—
	ε_{Cu}	2,1	1,25	1,0	—
	ε_K	3,5	4—5	8—10	—
	i_μ	5	3,5	1,7	—
30 kV	ε_{Fe}	0,7	0,45	0,27	—
	ε_{Cu}	2,2	1,45	1,0	—
	ε_K	4	5—6	8—10	—
	i_μ	5	3,5	1,7	—
70 kV	ε_{Fe}	—	0,59	0,26	0,2
	ε_{Cu}	—	1,62	0,92	0,55
	ε_K	—	9	10—12	10—12
	i_μ	—	3,7	1,8	1,4
100 kV	ε_{Fe}	—	0,7	0,35	0,23
	ε_{Cu}	—	1,4	0,75	0,65
	ε_K	—	10	10	9
	i_μ	—	3,7	1,8	1,4
200 kV	ε_{Fe}	—	—	0,3	0,35
	ε_{Cu}	—	—	0,9	0,8
	ε_K	—	—	12	12
	i_μ	—	—	1,9	1,5

Es bedeutet: ε_{Fe} = prozentuale Eisenverluste,
ε_{Cu} = ,, Kupferverluste,
ε_K = ,, Kurzschlußspannung,
i_μ = ,, Magnetisierungsströme.

Die Werte der obigen Tabelle sollen nur einen ungefähren Anhalt geben. Für genauere Berechnungen muß man sie sich vom Lieferwerk beschaffen.

b) Dreiwicklungstransformatoren.

Heute werden sehr häufig Transformatoren mit 3 Wicklungen verwendet. Sie können entweder dazu dienen, die von der Primärwicklung aufgenommene Leistung 2 Leitungssystemen verschiedener Spannung zuzuführen, oder ein derartiger Transformator arbeitet in der Hauptsache als normaler Zweiwicklungstransformator. Die dritte Wicklung dient nur, um Hilfsbetriebe oder die Erregung eines Zusatztransformators u. dgl. zu speisen. Drittens kann aber auch der Dreiwickler nach Prof. Schneider eine Verbindung dreier selbständiger Netzsysteme verschiedener Spannung mit eigenen Kraftwerken bilden, über den ein gegenseitiger Leistungsaustausch ermöglicht wird.

Die Berechnung der Spannungsabfälle und Verluste derartiger Transformatoren bietet einige Schwierigkeiten, da eine gegenseitige Beeinflussung durch die Ströme aller Wicklungen aufeinander eintritt.

Wir unterscheiden die Wicklungen in primäre, sekundäre und tertiäre, die wir ebenso wie die in ihnen auftretenden Ströme und Konstanten mit den Indices 1, 2 und 3 versehen.

Beim Dreiwickler hat jede der 3 Wicklungen bestimmte Werte der Selbstinduktanz s_1, s_2 und s_3 und der gegenseitigen Induktanz von Wicklung 1 auf 2 und umgekehrt m_{12} und ebenso von den andern Wicklungen m_{13} und m_{23}. Außerdem hat jede Wicklung einen Wirkwiderstand r_1, r_2 und r_3.

Der Spannungsabfall in der Wicklung 1 rührt her von Wirk- und Blindwiderstand der eigenen Wicklung, beide multipliziert mit dem Strom der Wicklung 1 plus den beiden Gegeninduktanzen, multipliziert mit ihren zugehörigen Strömen. Es ist demnach unter der Annahme, daß es sich um das Wicklungsverhältnis 1:1:1 handelt:

$$e_1 = i_1 \cdot r_1 \underline{|0} + (i_1 \cdot s_1 + i_2 \cdot m_{12} + i_3 \cdot m_{13}) \underline{|90^0} \text{ Volt} \quad (130)$$

$$e_2 = i_2 \cdot r_2 \underline{|0} + (i_2 \cdot s_2 + i_3 \cdot m_{23} + i_1 \cdot m_{12}) \underline{|90^0} \text{ Volt} \quad (131)$$

$$e_3 = i_3 \cdot r_3 \underline{|0} + (i_3 \cdot s_3 + i_1 \cdot m_{13} + i_2 \cdot m_{23}) \underline{|90^0} \text{ Volt}. \quad (132)$$

Unter Berücksichtigung, daß $i_1 + i_2 + i_3 = 0$ ist, so daß man i_1 durch $(i_2 + i_3)$ ersetzen kann, bildet man nun den Spannungsabfall von je 2 Wicklungen. Dabei ist zu beachten, daß durch die Transformierung eine Phasenverschiebung um 180^0 zwischen den EMK zweier Wickelungen und damit auch der Ströme auftritt, so daß man demnach zu bilden hat

$$e_{12} = e_1 - e_2 \quad (133)$$
$$e_{13} = e_1 - e_3 \quad (134)$$
$$e_{23} = e_2 - e_3. \quad (135)$$

Transformatorenkonstanten.

Es ist nunmehr

$$e_{12} = -i_2 \cdot (r_1 + r_2) \lfloor 0^0 - i_2 \cdot (s_1 + s_2 - 2m_{12}) \lfloor 90^0 \\ - i_3 \cdot r_1 \lfloor 0^0 - i_3 \cdot (s_1 - m_{13} - m_{12} + m_{23}) \lfloor 90^0 \text{ Volt} \quad (136)$$

und ebenso ergeben sich e_{13} und e_{23}.

Fügt man zur letzten Klammer $s_2 - s_2 + s_3 - s_3$ hinzu und berücksichtigt, daß $s_1 + s_2 - 2m_{12} = s_{12}$ ist, so erhält man

$$e_{12} = i_2 \cdot [(r_1 + r_2) \lfloor 0^0 + s_{12} \lfloor 90^0] \\ + i_3 \cdot [r_1 \lfloor 0^0 + \tfrac{1}{2}(s_{12} + s_{13} - s_{23}) \lfloor 90^0] \text{ Volt} \quad (137)$$

$$s_{13} = i_3 \cdot [(r_1 + r_3) \lfloor 0^0 + s_{13} \lfloor 90^0] \\ + i_2 \cdot [r_1 \lfloor 0^0 + \tfrac{1}{2}(s_{13} + s_{12} - s_{23}) \lfloor 90^0] \text{ Volt} \quad (138)$$

Setzt man statt i_2 und i_3 die Werte W_2 und W_3, d. h. die Wirkleistungen der Sekundär- und Tertiärwicklung, so erhält man direkt aus Leistungen und Spannungen zusammen mit den auf gleiche Spannung reduzierten Widerständen unter Vernachlässigung des Querspannungsabfalles den relativen Spannungsabfall:

$$\varepsilon_{v12} = \frac{W_2}{10\,U^2}[(r_1 + r_2) + \operatorname{tg}\varphi_2 \cdot s_{12}] \\ + \frac{W_3}{10\,U^2}\left[r_1 + \frac{1}{2}\operatorname{tg}\varphi_3 \cdot (s_{12} + s_{13} - s_{23})\right] \quad (139)$$

in Prozenten der Primärspannung.

Man geht bei der Berechnung von der Primärspannung aus, damit man die richtige Phasenlage des Spannungsabfalles durch die dritte Wicklung erhält. Als Phasenwinkel für die Berechnung sind für die Belastung der Wicklungen 2 und 3 die Werte zu nehmen, die sich auf der Primärseite ergeben. Wenn dagegen die sekundären und tertiären Werte gegeben sind, muß man die Primärleitung und Phasenwinkel schätzen und die Rechnung so oft wiederholen, bis sich die richtigen Werte ergeben.

Erfolgt durch die Tertiärwicklung ebenfalls eine Stromzulieferung, so gelten dieselben Gleichungen, es kehrt sich aber das Vorzeichen des zweiten Summanden für i_3 bzw. W_3 um.

Die Formel 139 für die prozentuale Bestimmung des Spannungsverlustes ist nicht genügend genau, wenn der Querspannungsabfall groß ist.

s_{12}, s_{13} und s_{23} sind die Werte, die man von Transformatorenhersteller erfahren kann. Es werden meist die prozentualen Kurzschlußspannungen ε_{k12}, ε_{k13} und ε_{k23} gegeben, sowie die Kupferverluste jeder Wicklung V_{Cu}. Daraus ergeben sich, wenn man die Werte auf gleiche Durchgangsleistung reduziert:

der ohmsche Spannungsabfall zu: $\varepsilon_{r1} = 100 \dfrac{V_{\text{Cu}}}{N_{s1}}$ vH

und der induktive Spannungsabfall zu:

$$\varepsilon_{s12} = \sqrt{\varepsilon_{k12}{}^2 - (\varepsilon_{r1} + \varepsilon_{r2})^2} \text{ vH usw.} \qquad (140)$$

Die obigen Formeln lauten dann, wenn W_2 und W_3 prozentual als x_2 und x_3 gegeben sind

$$\left.\begin{array}{l}\varepsilon_{v12} = x_2 \cdot [(\varepsilon_{r1} + \varepsilon_{r2}) + \operatorname{tg} \varphi_2 \cdot \varepsilon_{s12}] \\ + x_3 \cdot [\varepsilon_{r1} + \tfrac{1}{2} \operatorname{tg} \varphi_3 \cdot (\varepsilon_{s12} + \varepsilon_{s13} - \varepsilon_{s23})] \text{ vH.}\end{array}\right\} \qquad (141)$$

Es darf dabei die geometrische Summe von $\dfrac{x_2}{\cos \varphi_2} + \dfrac{x_3}{\cos \varphi_3}$ höchstens gleich 100 sein.

Man kann auch nach Wagner und Evans folgendermaßen vorgehen:

Gegeben sind die Impedanzen z_{12}, z_{13} und z_{23}.

$$z_{12} = z_1 + z_2 \qquad (142)$$
$$z_{23} = z_2 + z_3 \qquad (143)$$
$$z_{31} = z_3 + z_1 \qquad (144)$$

oder

$$z_1 = \tfrac{1}{2}(z_{12} + z_{13} - z_{23}) \text{ Ohm} \qquad (145)$$
$$z_2 = \tfrac{1}{2}(z_{12} + z_{23} - z_{13}) \text{ Ohm} \qquad (146)$$
$$z_3 = \tfrac{1}{2}(z_{31} + z_{23} - z_{12}) \text{ Ohm.} \qquad (147)$$

Diese Impedanzen kann man in Wirk- und Blindwiderstände auflösen und erhält

$$s_1 = \tfrac{1}{2}(s_{12} + s_{13} - s_{23}) \text{ Ohm} \qquad (148)$$
$$s_2 = \tfrac{1}{2}(s_{12} + s_{23} - s_{13}) \text{ Ohm} \qquad (149)$$
$$s_3 = \tfrac{1}{2}(s_{13} + s_{23} - s_{12}) \text{ Ohm.} \qquad (150)$$

In derselben Weise erhält man die ohmschen Widerstände.

Es ist durchaus möglich, daß einer der 3 „s"-Werte annähernd $= 0$ wird bzw. auch negativ werden kann. Man darf sich dadurch nicht beirren lassen.

Für das graphische Verfahren eignet sich besser die Methode nach den Gleichungen 137 und 138, für das rechnerische Verfahren dagegen mehr die Methode nach Wagner und Evans.

Es sei folgendes Beispiel behandelt:

Transformatorenkonstanten. 53

a) Graphische Methode (siehe Seite 153 u. ff.).
Es sei ein Dreiwicklungstransformator gegeben

Primärleistung . . . . . . 10000 kVA
Sekundärleistung . . . . . 10000 ,,
Tertiärleistung . . . . . . 5000 ,,

Die beiden ersten Wicklungen haben einen Leistungsverlust von 50 kW, die letzte von 25 kW. Die Kurzschlußspannung von Wicklung 1 und 2 sei $\varepsilon_{k\,12} = 10$ vH, von $\varepsilon_{k\,13} = 8$ vH und von $\varepsilon_{k\,23} = 6$ vH. Leerlaufübersetzung sei 100:50:10 kV. Der Magnetisierungsstrom und die Eisenverluste seien vernachlässigt. Wir wählen als Bezugsspannung die primäre und erhalten:

1. die ohmschen Widerstände

$$r_1 = r_2 = 50 \frac{100^2}{10\,000^2} 1000 = 5 \text{ Ohm} \tag{151}$$

$$r_3 = 25 \frac{100^2}{10\,000^2} 1000 = 2{,}5 \text{ Ohm.} \tag{152}$$

2. Induktanzen. Aus den prozentualen Impedanzen erhält man die Ohmwerte

$$z_{12} = \frac{10 \cdot 10 \cdot 100^2}{10\,000} = 100 \text{ Ohm} \tag{153}$$

$$z_{13} = \frac{10 \cdot 8 \cdot 100^2}{10\,000} = 80 \text{ Ohm} \tag{154}$$

$$z_{23} = \frac{10 \cdot 12 \cdot 100^2}{10\,000} = 120 \text{ Ohm.} \tag{155}$$

Daraus erhält man:

$$s_{12} = \sqrt{100^2 - 5^2} = 99{,}9 \approx 100 \text{ Ohm} \tag{156}$$

ebenso ist $s_{13} = 80$ Ohm und $s_{23} = 120$ Ohm.

$$\tfrac{1}{2}(s_{12} + s_{13} - s_{23}) = 30 \text{ Ohm.} \tag{157}$$

Für die Verlustdreiecke (siehe Diagramm Abb. 14) haben wir für die Sekundärseite

$$e_{r\,2} = AB = \frac{10\,000}{100} \cdot (5 + 5) = 1000 \text{ Volt} \tag{158}$$

$$e_{s\,2} = BC = \frac{10\,000}{100} \cdot 100 = 10\,000 \text{ Volt} \tag{159}$$

für die Tertiärseite

$$e_{r\,3} = AD = \frac{5000}{100} \cdot 5 = 250 \text{ Volt} \tag{160}$$

$$e_{s\,3} = DF = \frac{5000}{100} \cdot 30 = 1500 \text{ Volt.} \tag{161}$$

Das erste Dreieck für die Sekundärlast wird nach unten geklappt aufgetragen, da die zugeführte Spannung konstant gehalten zu denken ist. Das zweite Dreieck für die Tertiärlast dagegen wird nach oben aufgetragen und zwar der Übersichtlichkeit halber. Die Impedanz-Spannungsabfallinien $A\,10$ und AF werden mit Skalen nach kW eingeteilt und entsprechende Linien konstanter Wirk- und Blindlast eingetragen. Haben wir beispielsweise die durch den

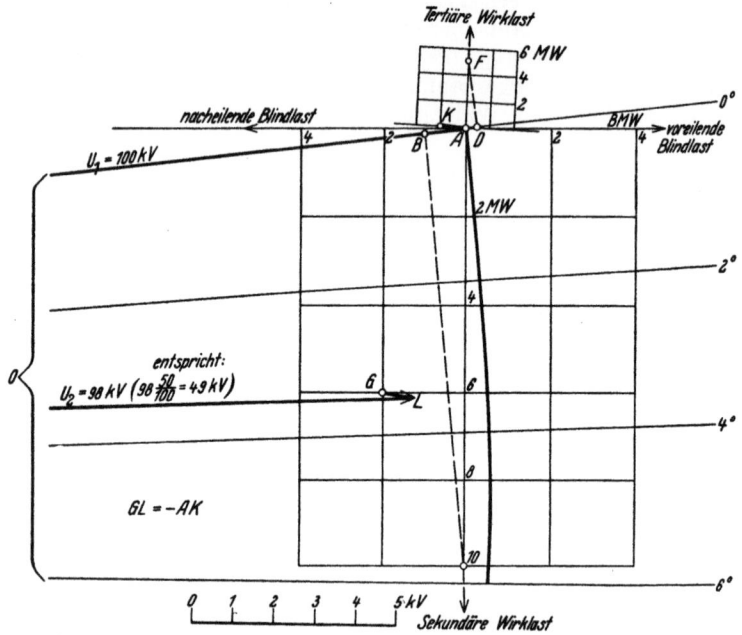

Abb. 14. Graphische Bestimmung der Spannungsabfälle eines Dreiwickelungstransformators.

Systempunkt G charakterisierte Last entsprechend 6000 kW Wirklast und 2000 BkW Blindlast, so wird die Spannung an den Sekundärklemmen $OG = 97500$ Volt sein, wenn die Tertiärwicklung unbelastet ist. Wenn aber diese Wicklung beispielsweise eine voreilende Blindlast von 2000 BkW hätte, so würde dies dem Systempunkt K entsprechen. Man hätte nun eine Parallele zu AK durch den Punkt G zu ziehen und die Strecke AK umgekehrt von G aus abzutragen $=GL$. Dann ist OL die gesuchte Klemmenspannung der Sekundärwicklung.

In gleicher Weise läßt sich ein zweites Diagramm für die Tertiärwicklung aufstellen. Man benutzt die gleichen Formeln unter Vertauschung der Indizes. Es sei jedoch ausdrücklich bemerkt, daß sich hierfür ein neues Diagramm ergibt.

b) Rechnerische Methode.

Wir verwandeln die ideelle Dreieckschaltung in eine Sternschaltung und erhalten:

$$s_1 = \tfrac{1}{2}(+100 + 80 - 120) = 30 \text{ Ohm} \tag{162}$$

$$s_2 = \tfrac{1}{2}(+100 - 80 + 120) = 70 \text{ Ohm} \tag{163}$$

$$s_3 = \tfrac{1}{2}(-100 + 80 + 120) = 50 \text{ Ohm.} \tag{164}$$

Mit den errechneten Widerstandswerten berechnen wir die Spannungsabfälle und Verluste laut untenstehender Tabelle. Magnetisierungsströme und Eisenverluste sind nur unbedeutend und daher vernachlässigt worden.

Tabelle 12.

	Längs-spannung Volt	Quer-spannung Volt	$\cos \varphi$	Für Wicklung	Wirklast kW	Blindlast BkW
1. Primär-wicklung ..	100000	—	0,95 0,0	„2" „3"	6000 —	1980 − 2000
	− 300	−1800			6000 − 18	− 20 − 108
	99700 20	1800				− 128
	99720				5982	1980 1852
2. Sekundär-wicklung ..	− 300 −1300	−4200 + 93			− 18 − 2	− 252 − 24
	98120 85	4107			5962	1576
	98205					
3. Tertiär-wicklung ..	97940 1000	100			— 1	− 2000 − 20
	100720				1	− 2020

Wir erhalten demnach an den Sekundärklemmen

$$98205 \times \frac{50}{100} = 49103 \text{ Volt,}$$

an den Tertiärklemmen
$$100\,720 \times \frac{10}{100} = 10\,072 \text{ Volt}.$$

Die Sekundärseite wird dabei belastet
mit 5962 kW Wirklast und 1576 BkW Blindlast,
die Tertiärseite
mit 2020 BkW voreilender Blindlast.

D. Vergrößerung der Induktivität und Kapazität durch höhere harmonische Wellen[1].

Wenn eine Wechselspannung, die sich aus einer Grundwelle und ein oder mehreren höheren harmonischen Wellen zusammensetzt, auf eine Induktivität oder Kapazität arbeitet, kann man die entsprechenden Werte für Induktanz und Kondensanz wie folgt bestimmen: Die resultierende, effektive Spannung E setzt sich zusammen aus den Amplitudenwerten E_1, E_3 und E_5 usw. der verschiedenen Oberwellen, bei denen die Indizes die Ordnungszahlen der betreffenden Oberwellen bedeuten. Man erhält:

$$E = \sqrt{\tfrac{1}{2}} \sqrt{E_1^2 + E_3^2 + E_5^2 + \cdots} \text{ in Volt}. \qquad (165)$$

Diese Spannung erzeugt einen Effektivstrom J in einer Induktivität l:

$$I_B = \sqrt{\tfrac{1}{2}} \sqrt{\left(\frac{E_1}{\omega l}\right)^2 + \left(\frac{E_3}{3\,\omega l}\right)^2 + \left(\frac{E_5}{5\,\omega l}\right)^2 + \cdots} \text{ in Amp}. \qquad (166)$$

Daraus erhält man durch Division der beiden Gleichungen (165) und (166) die resultierende Induktanz:

$$S = \omega l \cdot \sqrt{\frac{E_1^2 + E_3^2 + E_5^2 + \cdots}{E_1^2 + (\tfrac{1}{3} E_3)^2 + (\tfrac{1}{5} E_5)^2 + \cdots}} \text{ in Ohm}. \qquad (167)$$

In gleicher Weise findet man mit der Spannung E nach Gleichung (165) beim Arbeiten auf einen Kondensator von der Kapazität c den Strom:

$$I = \sqrt{\tfrac{1}{2}} \cdot \sqrt{(\omega c E_1)^2 + (3\,\omega c E_3)^2 + (5\,\omega c E_5)^2 + \cdots} \text{ in Amp}. \qquad (168)$$

Daraus bestimmt man wieder die wirksame Kondensanz:

$$K = \frac{1}{\omega c} \cdot \sqrt{\frac{E_1^2 + E_3^2 + E_5^2 + \cdots}{E_1^2 + (3 E_3)^2 + (5 E_5)^2 + \cdots}} \text{ in Ohm}. \qquad (169)$$

---
[1] Kemp, Philipp: The Electrician. 23. Oktober 1925, 468.

Vergrößerung der Induktivität und Kapazität.

Die Zunahme der Induktanz durch kleinere Oberwellen ist nicht sehr bedeutend. Dagegen fällt die Kondensanz sehr viel rascher, so daß bei nicht rein sinusförmiger Spannungskurve der Ladestrom ganz anders aussieht und größer wird, als er der Grundwelle entsprechen würde. Bei obigen Betrachtungen ist angenommen worden, daß es sich um Wechselstromkurven handelt, bei denen die negative Halbwelle das Spiegelbild der positiven Halbwelle in bezug auf die Abszissenachse ist. Es bleiben in diesem Falle nur die ungeradzahligen Oberwellen übrig[1].

Wenn die Spannungs- oder Stromkurve ein Gleichstromglied enthält, so kann dieses ebenfalls berücksichtigt werden. Beispielsweise, wenn wir ein Gleichstromglied von der Größe i_0 und ein Wechselstromglied der Grundwelle mit dem Amplitudenwert i_1 haben, dann ist der effektive Strom:

$$i_{\text{eff}} = \sqrt{i_0^2 + \tfrac{1}{2} i_1^2} \text{ in Amp.} \quad (170)$$

Beispielsweise wenn $i_0 = 0{,}8 \cdot i_1$ ist, so erhält man:
als Amplitude:

$$I = i_1 \cdot \sqrt{0{,}8^2 + \tfrac{1}{2}} = \sqrt{1{,}14} \cdot i_1 \text{ in Amp.} \quad (171)$$

und wenn der Wechselstrom als Effektivwert gegeben ist:

$$I = \sqrt{1{,}14} \cdot \sqrt{2} \cdot i_{s\,\text{eff}} = 1{,}51 \cdot i_{s\,\text{eff}}.$$

Diese Formel wird bei der Berechnung von Kurzschlußströmen benutzt.

Wenn eine stark verzerrte Spannungskurve eine Leitungsanlage speist, kann leicht der Fall eintreten, daß durch Resonanz sehr große Ströme höherer Frequenz auftreten. Man muß daher mit allen Mitteln danach trachten, Spannungen zu erzeugen, die rein sinusförmig ohne Oberwellen verlaufen.

Die scheinbare Zunahme von Induktivität l und Kapazität c bezogen auf höhere Harmonische ist in umstehender Tabelle zusammengestellt.

Wenn die Oberwellen der Ströme bekannt sind, dann errechnen sich die scheinbaren **Induktanzen** und **Kondensanzen** folgendermaßen:

$$S = \omega L \cdot \sqrt{\frac{I_1^2 + (3 I_3)^2 + (5 I_5)^2 + \cdots}{I_1^2 + I_3^2 + I_5^2}} \text{ in Ohm} \quad (172)$$

$$K = \frac{1}{\omega \cdot c} \cdot \sqrt{\frac{I_1^2 + \left(\dfrac{I_3}{3}\right)^2 + \left(\dfrac{I_5}{5}\right)^2 + \cdots}{I_1^2 + I_3^2 + I_5^2 + \cdots}} \text{ in Ohm.} \quad (173)$$

---

[1] Fränkel: Theorie der Wechselströme, 1930. S. 74.

Tabelle 13.

Anteil jeder Oberwelle	3. Oberwelle		5. Oberwelle		7. Oberwelle	
	l	c	l	c	l	c
vH	vH	vH	vH	vH	vH	vH
1	+0,00	— 0,04	0,00	— 0,12	0,00	— 0,24
2	+0,02	— 0,16	0,02	— 0,48	0,02	— 0,96
3	+0,04	— 0,36	0,04	— 1,07	0,04	— 2,16
4	+0,07	— 0,64	0,08	— 1,90	0,08	— 3,84
5	+0,11	1,00	0,12	— 2,95	0,12	— 5,83
10	+0,44	3,88	0,48	—11,25	0,49	—21,65
15	+1,00	8,44	1,07	—23,62	1,10	—43,39
20	+1,76	14,36	1,90	—38,67	1,96	—68,71
25	+2,74	21,27	2,90	—55,30	3,02	—95,54

V. Korona-Erscheinungen[1].

Sobald durch die einer Leitung aufgedrückte Spannung die Feldstärke an der Seiloberfläche bestimmte Werte übersteigt, treten mit Verlusten verknüpfte Koronaerscheinungen auf. Eingehende Versuche sind hierüber namentlich von Peek gemacht worden, von dem auch die Formeln herrühren, nach denen man die Verluste berechnen kann. Es gibt für jede Leitungsanlage eine bestimmte Spannung, bei der die Leiter zu glimmen anfangen. Schon etwas vorher jedoch setzen die Energieausstrahlungen ein und wachsen mit steigender Spannung außerordentlich schnell an.

Den Ausgangspunkt der Berechnung bildet die Bestimmung der kritischen Spannung. Das ist die Spannung, bei der die Feldstärke an der Seiloberfläche so groß wird, daß die Isolation das Dielektrikum, also bei Freileitungen die Luft, durchbrochen wird und leitend wird. Die Durchbruchsfeldstärke für Luft beträgt

$\mathfrak{E} = 21{,}1 \text{ kV/cm}$ (quadratischer Mittelwert). (174)

Die Feldstärke an der Seiloberfläche für eine Drehstromleitung mit einem mittleren geometrischen Abstand von A cm und einem Seilradius von ϱ cm beträgt:

$$\mathfrak{E} = \frac{U}{\sqrt{3} \cdot \varrho \cdot \ln \frac{A}{\varrho}}, \qquad (175)$$

worin U die verkettete Spannung in Kilovolt beträgt. Es muß nun, um den Durchbruch zu vermeiden, $\mathfrak{E}$ höchstens $= 21{,}1$ kV/cm

---

[1] Peek: Dielectric Phenomena. Schmitt u. Krines ETZ 1930. 468.

Korona-Erscheinungen.

gemacht werden. Daraus ergibt sich, daß die Betriebsspannung höchstens sein darf:

$$U = \sqrt{3} \cdot \varrho \cdot 21{,}1 \cdot \ln \frac{A}{\varrho} \cdot U \text{ kV}. \tag{176}$$

Diese Formel gilt für Luft bei einem Barometerstand $b = 76$ cm und einer Temperatur $\vartheta = 25^0$ C. Bei Abweichungen von diesen Werten ändert sich die zulässige Spannung im Verhältnis der Dichtigkeit der Luft $= \delta$, die für 76 cm und 25^0 gleich Eins gesetzt wird. Es ergibt sich folgende Beziehung für die Luftdichte:

$$\delta = \frac{3{,}92 \cdot b}{273 + \vartheta}. \tag{177}$$

Von weiterem Einfluß ist auch die Beschaffenheit der Seiloberfläche. Eine Berücksichtigung findet sie durch Hinzufügung eine Faktors m_0 in die Formeln:

$$m_0 = 0{,}93\text{---}0{,}98 \text{ für glatte Drähte}, \tag{178}$$
$$m_0 = 0{,}83\text{---}0{,}87 \text{ ,,   ,, Seile}. \tag{179}$$

Hohlseile liegen zwischen beiden Werten und man kann angenähert setzen:

$$m_0 = 0{,}9. \tag{180}$$

Die Formel für die kritische Spannung U_0 als verketteter Wert, bei der die Koronaverluste beginnen, lautet nun

$$U_0 = \sqrt{3} \cdot 21{,}1 \cdot m_0 \cdot \varrho \cdot \ln \frac{A}{\varrho} \text{ in kV}. \tag{181}$$

Nicht identisch mit diesem Spannungswert ist der, bei dem das stellenweise Glimmen der Leitung beginnt:

$$U_{\text{Gl}} = U_0 \cdot \frac{0{,}72}{m_0} \left(1 + \frac{0{,}3}{\sqrt{\delta \cdot \varrho}}\right) \text{ kV}. \tag{182}$$

Wenn die Spannung weitere 14 vH steigt, beginnt ein gleichmäßiges Glimmen über die ganze Leiteroberfläche hin.

Die kritische Spannung kann bei schlechtem Wetter auf 80 vH, unter Umständen noch weiter heruntergehen.

Für die Bestimmung der spezifischen Luftdichte nach der Formel (177) und bei Beziehungen zur Höhenlage dient nebenstehende Abb. 15. Es seien hierzu einige Erläuterungen gegeben: Man sucht beispielsweise für 4000 m Meereshöhe δ für 76 cm und 25^0 C. Man findet auf der Kurve des Barometerstandes den Schnittpunkt x mit der Ordinate 4000 m, lotet herunter bis zum Schnittpunkt vom y mit dem Strahl für 25^0 C. Es ist dann die Ordinate $wy = 0{,}63$ die gesuchte Luftdichte auf der Ordinatenskala rechts bei z abzulesen. Nebenbei erfährt man, daß der Höhenlage bei 25° C ein normaler Barometerstand von $b = 48$ cm entspricht.

Ein zweites Beispiel sei: Gegeben ist $b = 70$ cm und $\vartheta = +10°$ Celsius, wie groß ist δ? Man findet diesen Wert, indem man von

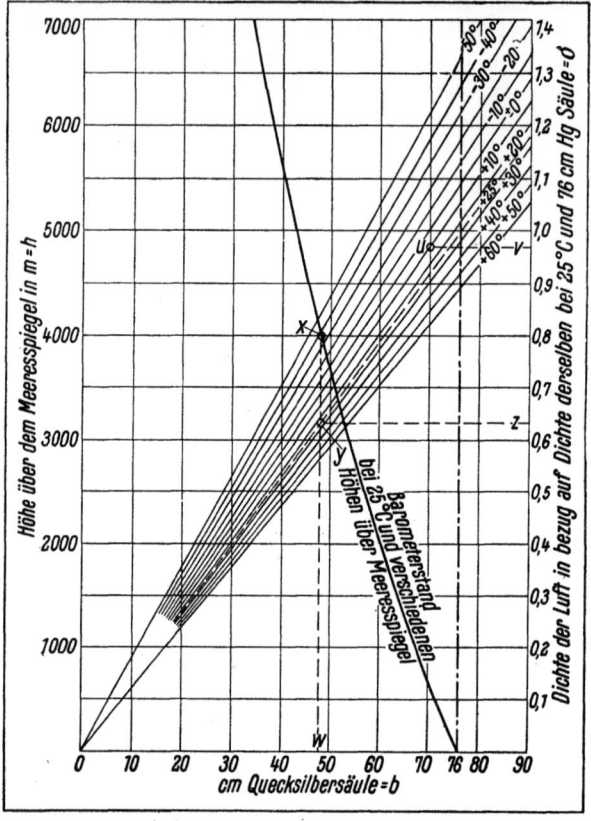

Abb. 15. Luftdichte δ bei verschiedenen Barometerständen b und Temperaturen t sowie Barometerstände b für verschiedene Höhen h über dem Meeresspiegel, wobei für 25° Lufttemperatur und normalen Barometerstand von 76 cm auf Meereshöhe $\delta = 1$ gesetzt ist[1].

Schnittpunkt u der Parallelen zur Abszisse 70 cm und mit dem Strahl $+10°$, horizontal nach rechts geht und damit bei v den Wert $\delta = 0,97$ erhält.

---

[1] Aus Siemens-Zeitschrift Januar 1924.

Korona-Erscheinungen.

Die kritischen Spannungen als verketteter Werte angenommen sind für die normalen Querschnitte und verschiedene Seilabstände aus dem Diagramm (Abb. 16) zu entnehmen. Man ersieht, daß die Vergrößerung des Seilabstandes sehr wenig die kritische Spannung erhöht. Da in den obigen Formeln neben einigen Konstanten der Wert $\ln \frac{A}{\varrho}$ vorkommt, der ebenfalls fast konstant ist, da $\frac{A}{\varrho}$

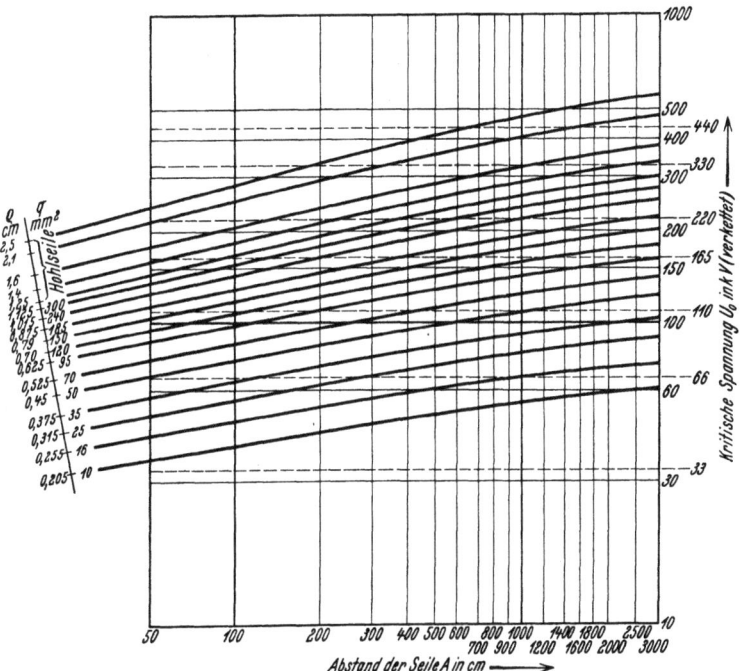

Abb. 16. Kritische Spannung U_0 für Drehstrom, $\vartheta = 1$ und $m_0 = 0{,}85$.
Bei schlechtem Wetter sinken die Werte.

sich nur verhältnismäßig wenig ändert und als Logarithmus noch gleichmäßiger wird, so bleibt als einzige stark variable Größe der Seilradius ϱ übrig. U_0 ist demnach fast direkt proportional ϱ. Man ersieht dies aus der weiteren Darstellung, Diagramm (Abb. 18), recht deutlich. Die Faustformel

$$U_0 = 9 \times \text{Durchmesser in mm} \qquad (183)$$

gibt verhältnismäßig zutreffende Werte, sie ist im meist gebrauchten Gebiet vorteilhafterweise auf der sicheren Seite.

Der größeren Sicherheit halber, um auch Koronaverluste bei nicht ganz gutem Wetter klein zu halten, empfiehlt es sich mit $U_0 = 8 \times$ Durchmesser zu rechnen.

Wenn die kritische Spannung überschritten wird, treten **Koronaverluste**, also Leistungsverluste, auf. Dieselben sind nach Peek in vereinfachter Darstellung:

$$V_{Ko} = \frac{(U - U_0)^2}{R_{Ko}} \text{ in kW/km,} \qquad (184)$$

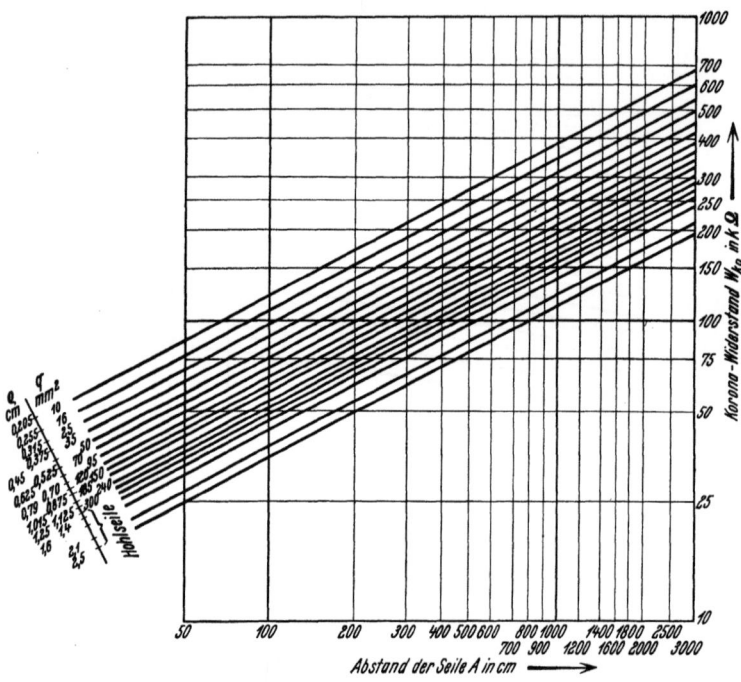

Abb. 17. Korona-Widerstand für Drehstrom von 50 Hertz und $\delta = 1$ für verschiedene Querschnitte und verschiedene mittlere geometrische Abstände für 1 km Strecke.

worin U die Betriebsspannung, U_0 die kritische Spannung, beide verkettet in Kilovolt sind. R_{Ko} ist der Koronawiderstand, er ist:

$$R_{Ko} = \frac{1}{\delta} \cdot \frac{415}{f + 25} \cdot \sqrt{\frac{A}{\varrho}} \text{ in Kiloohm/km.} \qquad (185)$$

Er ändert sich umgekehrt proportional mit der Streckenlänge und der Luftdichte (Abb. 17).

Koronaströme sind für den normalen Betrieb unbedingt zu vermeiden, da sie zum größten Teil aus höheren Harmonischen der Grundwelle bestehen und für den Betrieb unangenehme Begleiterscheinungen mit sich führen, insbesondere Telephonbeeinflussungen, außerdem zerstören sie, namentlich bei Aluminium die metallische Leitung selbst[1].

Um höhere Spannungen ohne Koronaverluste anwenden zu können, ist es nötig, den Seildurchmesser entsprechend zu vergrößern. Für mittlere Spannungen 110—150 kV genügen hierfür Stahl-Aluminium-Seile mit ihrem gegenüber Kupferseilen gleichen

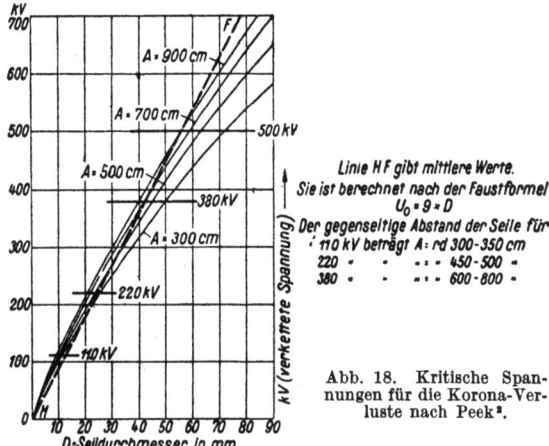

Abb. 18. Kritische Spannungen für die Korona-Verluste nach Peek[2].

ohmschen Widerstandes erhöhten Durchmesser. Für 380 kV reicht auch dieses Mittel nicht mehr aus und man muß statt dessen die neuerdings mit großem Erfolg verlegten Hohlseile verwenden.

Es sei auch noch besonders darauf aufmerksam gemacht, daß entgegen einer allgemein verbreiteten Ansicht auch bei niedrigeren Spannungen Koronaverluste auftreten können. Man muß also stets darauf achten, daß die Feldstärke an der Seiloberfläche niemals höher als 21,1 kV/cm wird. Um ein Beispiel herauszugreifen, sei erwähnt, daß man für 65 kV und einem Abstand $A = 150$ cm mindestens ein Seil von 35 mm^2 Querschnitt verwenden muß. (Siehe Abb. 16.)

Es war bereits gesagt worden, daß die kritische Spannung bei schlechtem Wetter stark heruntergeht, und daß dementsprechend

---

[1] Schönholzer: Bull. Schweiz. El.V. 1926, Nr. 4, S. 128.
[2] Aus Bericht der Höchstspannungstagung in Essen Januar 1926. Berlin: Julius Springer.

unter Umständen große Koronaverluste auftreten können. Der Feuchtigkeitsgehalt der Luft spielt keine Rolle, ebenso starker Wind allein ohne Regen. Nebel, Regen, Schnee, Rauch verringern die kritische Spannung und erhöhen die Verluste. Sehr große Verluste können bei stürmischem Regen- oder Schneewetter auftreten.

VI. Wirk- und Blindbelastung der Leitungsanlage.

Bei Übertragungsanlage treten nun nicht nur Spannungsabfälle auf, sondern auch zusätzliche Belastungen, und zwar Wirk- wie Blindbelastungen.

a) Stromwärmeverluste.

Dieselben betragen in einer Drehstromleitung

$$V_w = \frac{3 \cdot i^2 \cdot r}{1000} \text{ kW},\tag{186}$$

wenn i der Strom in Ampere, r der Widerstand der Leitung in Ohm ist. Wenn die Wirkleistung W in kW, die Spannung U in kV gegeben sind und der Leitungsfaktor $= \cos \varphi$ ist, kann man auch schreiben

$$V_w = \left(\frac{W}{U \cos \varphi}\right)^2 \cdot \frac{r}{1000} = \left(\frac{N_s}{U}\right)^2 \cdot \frac{r}{1000} \text{ kW}.\tag{187}$$

b) Induktive Blindbelastung.

Dieselbe bestimmt man in genau gleicher Weise, indem man nur die Resistanz durch die Induktanz der Leitung ersetzt.

$$V_B = \frac{3\,i^2 \cdot s}{1000} = \left(\frac{W}{U \cos \varphi}\right)^2 \frac{s}{1000} = \left(\frac{N_s}{U}\right)^2 \frac{s}{1000} \text{ Blindkilowatt.}\tag{188}$$

c) Ableitungsverluste.

Dieselben betragen, wenn R_q der Isolationswiderstand in Kiloohm ist:

$$V_{\text{Abl}} = \frac{U^2}{R_q} \text{ kW/km}.\tag{189}$$

Korona-Erscheinungen.

d) Kapazitive Belastungen.

Die kapazitiven Belastungen sind ebenso wie die Ableitungsverluste zu bestimmen. Man hat nur statt des Isolationswiderstandes die Kondensanz der Leitung in Kiloohm zu setzen:

$$V_c = \frac{U^2}{K} \text{ BkW/km}. \qquad (190)$$

e) Induktive Apparate und Blindstrommaschinen.

Zur Leistungsfaktor- und Spannungsregelung sowie zur Kurzschlußstrombegrenzung werden Übertragungsanlagen mit zusätzlichen Einrichtungen ausgerüstet, die bei der Leitungsberechnung zu berücksichtigen sind:

a) **Luft-Drosselspulen.** Sie werden in den Zug der Leitung geschaltet und dienen zur Kurzschlußstrombegrenzung. Wenn die Induktivität einer solchen Drossel $= l$ in Millihenry gegeben ist, so hat sie eine Induktanz

$$s_D = \frac{\omega l}{1000} \text{ Ohm}. \qquad (191)$$

Sie verursacht mit dem normalen Durchgangsstrom I_n einen Spannungsabfall

$$e = I_n \cdot s_D \text{ Volt je Phase}. \qquad (192)$$

Bei einem Phasenwinkel φ zwischen Strom und Spannung ist der prozentuale angenäherte Spannungsverlust:

$$\varepsilon = \frac{\sqrt{3} \, I_n \cdot s_D}{10 \cdot U} \cdot \sin \varphi \text{ vH}. \qquad (193)$$

Hierbei ist U in kV einzusetzen.

Die Eigenleistung einer Drossel ist $N_D = I_n^2 \cdot \omega l \cdot 10^{-6}$ BkW. Der Kurzschlußstrom bei Anlegung der vollen Spannung an den Satz von 3 Drosseln und Kurzschließen der 3 Phasen hinter den Drosseln ist:

$$I_k = I_n \frac{100}{\varepsilon} \text{ Ampère}. \qquad (194)$$

b) **Nebenschluß- oder Querdrosseln** werden mit schwach gesättigten Eisenkernen gebaut. Sie nehmen nacheilenden Blindstrom auf und sind entsprechend als Stromverbraucher bei der Leitungsberechnung zu berücksichtigen. Sie dienen zur Kompensierung des kapazitiven Blindstromes der Leitung.

Burger, Drehstrom-Kraftübertragungen. 2. Aufl.

Wirk- und Blindbelastung der Leitungsanlage.

Wenn die Leistung bei der Spannung $U:N_D$ BkW ist, kann sie innerhalb der praktisch zulässigen Grenzen von $\pm$ 10 vH bei der Spannung U' gesetzt werden:

$$N'_D = \left(\frac{U'}{U}\right)^2 N_D \text{ BkW}. \tag{195}$$

c) **Statische Kondensatoren in Reihenschaltung** dienen zur Verringerung der Induktivität der Leitung. Wenn c die Kapazität eines Kondensators in Mikrofarad ist, entspricht dies einer Kondensanz oder negativen Induktanz:

$$K = -\frac{1\,000\,000}{\omega c} \text{ Ohm}. \tag{196}$$

Haben wir beispielsweise 100 km Freileitung mit 40 Ohm Induktanz pro Phase, so wäre zur Aufhebung der Induktanz ein Kondensator von 40 Ohm vorzuschalten mit einer Kapazität:

$$C = \frac{1\,000\,000}{314 \cdot 40} = 80 \text{ Mikrofarad}. \tag{197}$$

Die Blindleistung des Kondensators für jede Phase wäre bei 100 Ampere Durchgangstrom:

$$N_c = -100^2 \cdot \frac{40}{1000} = -400 \text{ BkW}. \tag{198}$$

Der kapazitive Spannungsabfall ist $e_c = 100 \cdot 40 = 4$ kV bzw. prozentual beim Winkel φ:

$$\varepsilon_c = -\frac{e_c \cdot \sqrt{3}}{10 \cdot U} \cdot \sin\varphi \text{ vH}. \tag{199}$$

d) **Statische Kondensatoren in Nebenschluß- oder Querschaltung** liefern den nacheilenden Blindstrom der Verbraucher und Leitungsanlage, um den Leistungsfaktor zu verbessern.

Die abgebbare Blindleistung eines gegebenen Kondensators variiert mit dem Quadrat der Spannung (Formel 195).

e) **Synchron- oder Asynchronphasenschieber** dienen als Ersatz der Querdrosseln und Querkondensatoren. Sie zeichnen sich durch bequemere Regelmöglichkeit aus.

Die ungefähren Wirkverluste der angeführten Apparate und Maschinen betragen:

Für Drosseln ..... 2—5 vH in kW der kVA-Eigenleistung
Für Kondensatoren . . 0,2—0,3 vH „ „ „ „
Für asynchrone und synchrone Phasenschieber:
   von 1000 BkW . . . 3,8 vH „ „ „ „
   „ 10000 „ . . . 3 vH „ „ „ „
   „ 30000 „ . . . 2,3 vH „ „ „ „ [1]

---
[1] Siehe auch Aufsatz Schunk: SZ **1931**, 10.

VII. Bestimmung der wirtschaftlichen Übertragung in bezug auf Spannung, Querschnitt und Leistungsverlust.

Bei der Errichtung einer Übertragungsanlage ist es ein Haupterfordernis, sie so zu entwerfen, daß sie in wirtschaftlicher Hinsicht die günstigste Lösung darstellt. Hierüber entscheidet nicht das aufzuwendende Kapital allein, sondern es müssen auch die jährlich entstehenden Kosten die geringstmöglichen werden. Als Elektriker müssen wir daher untersuchen, welches sind für eine gegebene Übertragung die wirtschaftlich günstigsten Werte für die zu wählende Spannung und Querschnitte, und davon abhängig wieder, welches ist der wirtschaftlichste Wert des Wirkungsgrades der Übertragung?

Eine allgemein gültige Formel zur Bestimmung der wirtschaftlichen Werte ist wohl kaum erreichbar, weil die Verhältnisse zu verschiedenartig liegen und die Gesetzmäßigkeiten der einzelnen Bestimmungsfaktoren nicht stetig verlaufen und sehr verschieden ausfallen können. Eine vereinfachte Methode sei hier gegeben, die immerhin einen guten Anhalt geben kann.

1. Einfache Methode.

Zur Vereinfachung der Bestimmung sei angenommen, daß ein Kraftwerk gegeben sei, das den Strom zu einem bestimmten festen Kilowattstundenpreis liefert, gleichgültig, wie groß die Leistung und welches die Form der Belastungskurve ist.

Unter diesen Voraussetzungen hat man zunächst zu versuchen, die Anlagekosten in einer der Berechnung zugänglichen Weise, d. h. durch eine Gleichung darzustellen. Für die Übertragungsanlage sind außer der eigentlichen Leitung an jedem Ende derselben eine Transformatorenstation anzunehmen. Wir denken uns diese bestehend aus 2 Transformatoren von je der halben Übertragungsleistung, der zugehörigen Schaltanlage für die Transformatoren, der abgehenden Freileitung und der Niederspannungsschaltanlage, von welcher aus dann die Verbindung zum Kraftwerk bzw. zu den Verbrauchern angenommen werden kann. Die Gebäudekosten sind ebenfalls einzuschließen. Etwa notwendig werdende Phasenschieber bzw. Spannungsregelungseinrichtungen bleiben ausgeschlossen von der Betrachtung. Sie bedeuten eine gewisse Aufwendung an Kapital und jährlichen Unkosten. Wir nehmen aber an, daß diese Einrichtungen im Strompreise irgendwie berücksichtigt sind bzw. vom Abnehmer geliefert werden. Wenn die zu übertragende Leistung zu groß wird, muß die Leitung als Doppelleitung ausgeführt werden. Es kann dies auch aus Gründen eines sicheren Betriebes gewünscht werden. In einem solchen Falle rechnet man die wirtschaftlichen Werte für die halbe Leistung aus und denkt sich dann die Anlage doppelt ausgeführt. In bezug auf die Transformatorenschaltanlage ist dies ohne weiteres zulässig, und auch bei der Leitung ist der Unterschied zwischen einer Doppelleitung und 2 Einfachleitungen nicht sehr bedeutend. Doppelleitungen werden vielfach nur aus Gründen der leichteren Leitungsführung und zur Verringerung der Schwierigkeiten, von den Grundbesitzern die Genehmigung zur Aufstellung der Masten zu erlangen, ausgeführt.

Die Vergrößerung der Transformatorenleistung am Anfang der Übertragungsstrecke gegenüber der am Ende infolge der Leitungsverluste sei zunächst ebenfalls unberücksichtigt.

Die Anlagekosten ergeben sich aus der Summierung der einzelnen Anlageteile, Freileitung, Transformatorenstationen, Gebäude mit Schalteinrichtung und der Transformatoren selbst. Diese Summanden zeigen eine Abhängigkeit in bezug auf den Leitungsquerschnitt, die Betriebsspannung und die Leistung. Man muß sich aus einer größeren Anzahl Einzelwerten Kurven der Kosten der Anlageteile zusammenstellen, um damit die Konstanten der Kostengleichung bestimmen zu können.

Man erhält damit Gleichungen für jeden Anlageteil, und es ergibt sich dann das Anlagekapital der ganzen Übertragung als Summe der Einzelwerte wie folgt:

$$\left.\begin{aligned} P = & L(n_L + aU + bQ) \\ & + 2(n_{St} + cU + dU^2 + f(N_s)) \\ & + 4(n_{Tr} + mU^2 + g(N_s)) \end{aligned}\right\} \quad (200)$$

In dieser Gleichung bedeuten der erste Summand die Kosten der Freileitung, der zweite die Kosten der Station und der dritte die Kosten der Transformatoren. Die Konstanten der Formel (200) variieren jeweils sehr stark infolge der großen Preisänderungen namentlich der Metalle. Frühere Berechnungen ergaben $a = 25$, $b = 84$, $c = 2000$; $d = 10$, $m = 16$. Die Konstanten n_L, n_{St}, n_{Tr} fallen bei der weiteren Entwicklung wieder heraus und brauchen daher nicht bekannt zu sein.

$f(N_s)$ und $g(N_s)$ sind nicht weiter zu entwickelnde Funktionen der Übertragungsleistung; sie fallen später bei der Entwicklung der Gleichungen ebenfalls wieder heraus.

Bestimmung der wirtschaftlichen Übertragung.

Man muß mit der Scheinleistung rechnen, da diese für die Bestimmung der Größe der Anlageteile und der Stromwärmeverluste maßgebend ist.

Das nach Formel 200 gefundene Anlagekapital muß jährlich verzinst und amortisiert werden. Man erhält damit einen Teil der Jahreskosten. Es kommen noch ferner die Unterhaltungskosten der Anlage hinzu. Diese berücksichtigt man üblicherweise durch einen bestimmten Vomhundertsatz des Kapitals. Zu diesen Jahreskosten kommen schließlich noch die, die durch Übertragungsverluste entstehen. Wir haben mit folgenden Verlusten zu rechnen:

1. In der Leitung:
   a) durch Stromwärme,
   b) durch Ableitung.

2. In den Transformatoren:
   a) durch Stromwärme
   b) durch Eisenverluste.

Die Verluste der Transformatoren haben wir der Einfachheit halber für sämtliche Spannungen gleich angenommen. Die Unterschiede sind nicht sehr bedeutend. Man erreicht durch diese Vernachlässigung, daß die Entwicklung der Formel einfacher wird, ohne die Genauigkeit wesentlich zu beeinflussen. Die Bestimmung der Ableitungsverluste bietet einige Schwierigkeiten. Um hier ebenfalls einfache Verhältnisse zu schaffen, sei mit einem mittleren Wert von 20 Megohm pro Kilometer gerechnet. Koronaverluste werden nicht berücksichtigt, da man sie aus verschiedenen Gründen vermeiden muß. (Es treten durch sie betriebsstörende höhere Harmonische auf, Aluminiumleitungen werden durch Koronaströme allmählich zerstört u. dgl.). Durch die Verwendung von Hohlseilen, die neuerdings hergestellt werden, sind wir in die Lage gesetzt, ohne den Querschnitt zu ändern, den Leitungsdurchmesser so weit zu erhöhen, daß keine wesentlichen Koronaverluste auftreten, so daß wir die Leitungsquerschnitte unabhängig vom Seildurchmesser wenigstens innerhalb gewisser Grenzen wählen können.

Um die Stromwärmeverluste zu bestimmen, müßten wir aus der zu erwartenden Belastungskurve eine zweite Kurve entwickeln, die dazu dient, die Dauer der maximalen Verluste zu bestimmen. Sie wird Verlustdauer genannt. Man dividiert die Jahresverluste in Kilowattstunden durch die Verluste bei Vollast V_{max} in Kilowatt und erhält damit die **Verlustdauer**:

$$h_v = \frac{\int V \cdot dt}{V_{max}} \text{ in Std.} \qquad (201)$$

Man bekommt auf diese Weise eine Beziehung zu den Stromwärmeverlusten bei Vollast und der Belastungsdauer.

Die Jahresverluste betragen

$$A_v = \frac{N_s^2}{U^2} \cdot R_s \cdot \frac{L}{Q} \cdot h_v + \frac{U^2}{R_q} \cdot L \cdot H + A_{v_T} \text{ in kW/Std.} \quad (202)$$

Es bedeutet in dieser Gleichung der erste Summand die Stromwärmeverluste bei Vollast multipliziert mit der Zeit h_v Vollastverluste. Der zweite Summand gibt die Ableitungsverluste multipliziert mit der jährlichen Benutzungsdauer H der Anlage. Der dritte Summand entspricht den Transformatorenverlusten, die als unabhängig von der Betriebsspannung angesehen werden.

Es ergeben sich bei der obenerwähnten Verzinsung p und einem Kilowattstundenpreis k die jährlichen Kosten zu

$$\Re = p \cdot P + k \cdot A_v \text{ in Mark.} \quad (203)$$

Um die Minimalwerte der variablen Größen U Betriebsspannung und Q, Querschnitt, zu bestimmen, muß man die obige Gleichung einmal nach U, das andere Mal nach Q differenzieren und die Differentialquotienten $= 0$ setzen:

$$\frac{d\Re}{dQ} = 0, \quad (204)$$

$$\frac{d\Re}{dU} = 0. \quad (205)$$

Man erhält unter Benutzung obiger Gleichungen für die Anlagekosten und Verluste zunächst den **wirtschaftlichen Querschnitt**

$$Q_w = \frac{N_s}{U} \sqrt{\frac{v \cdot R_s \cdot h_v}{b}}. \quad (206)$$

Der Querschnitt ist somit nicht abhängig von der Länge der Leitung, dagegen von der Stromstärke und einem Wurzelwert verschiedener Konstanten, wie Verhältnis vom Strompreis zum Zinsfuß $v = \dfrac{k}{p}$, spezifischer Widerstand, Verlustdauer und Kupfer- und Eisenpreis.

Beim Differenzieren nach U erhält man nach Einsetzung des wirtschaftlichen Querschnittes in die Formel eine Gleichung dritten Grades für die Spannung, die man am besten nicht auflöst.

Die Gleichung für die **wirtschaftliche Spannung** lautet:

$$U^3 + U^2 \frac{\frac{a}{2}L + c}{uL + 2d + 4m} = \frac{N_s \cdot L \sqrt{b \cdot R_s \cdot v \cdot h_v}}{uL + 2d + 4m} \quad (207)$$

oder

$$U^3 + U^2 \cdot F = G. \quad (208)$$

Man berechnet für die gegebenen Verhältnisse die Werte F und G aus und erhält durch probeweises Einsetzen verschiedener Werte die wirtschaftliche Spannung. Mit der gleichen Rechenschiebereinstellung liest man U^3 und $U^2 F$ ab, addiert beide Werte und sieht, ob die Summe gleich G ist.

Nach höchstens dreimaligem Rechnen erhält man die wirtschaftliche Spannung mit genügender Genauigkeit. Die nach obigen Formeln berechneten Werte sind nur erste Annäherungen; für die genaue Bestimmung ist es erforderlich, sich durch eingehende Ausarbeitungen zu überzeugen, welche Spannung unter den verbandsmäßig festgesetzten zu wählen ist. Hierbei darf man nicht außer acht lassen, daß isolierte Anlagen nur noch selten vorkommen werden. Die Möglichkeit des Anschlusses an benachbarte Anlagen muß man sich offen halten und man hat aus diesem Grunde bei der Wahl der Spannung die der Nachbarbezirke zu berücksichtigen.

Es sei noch ergänzend hinzugefügt, daß man aus den wirtschaftlichen Werten für U und Q auch den wirtschaftlichen Leistungsverlust bestimmen kann. Es ist:

$$\varepsilon_w = 100 \frac{L}{U} \cdot \sqrt{\frac{b \cdot R_s}{v \cdot h_v}} \text{ in vH.} \tag{209}$$

Man ersieht daraus, daß der wirtschaftlich günstigste Verlust direkt proportional der Streckenlänge sein muß. Dies ist ein beachtenswertes Resultat.

Eine weitere charakteristische Größe ist die wirtschaftliche Strombelastung. Sie ist

$$y = \sqrt{\frac{b}{3 \cdot v \cdot R_s \cdot h_v}} \text{ Amp./mm}^2. \tag{210}$$

Wenn wir für b das Kupfergewicht der 3 Leiter je mm² mit 9 kg, multipliziert mit dem Kupferpreis je kg p_{cu} plus einem Zuschlag für Durchhang, Verschnitt und andere dem Gewicht proportionale Kosten 30 vH einsetzen, also

$$b = 3 \cdot q \cdot 1{,}3 \cdot p_{cu} \tag{210a}$$

nehmen, und wenn wir außerdem v in $\frac{k}{p}$ auflösen, erhalten wir

$$y = \sqrt{\frac{p \cdot 35 \cdot p_{cu}}{3 \cdot R_s \cdot h_v}} \text{ Amp./mm}^2. \tag{210b}$$

Mit $p = 10$ vH wird

$$y = 80 \sqrt{\frac{p_{cu}}{k \cdot h_v}} \text{ Amp./mm}^2. \tag{210c}$$

Bestimmung der wirtschaftlichen Übertragung.

Man erhält für verschiedene Kupferpreise beim Zinsfuß von $p = 10$ vH verschiedene Kilowattstundenpreise und Verlustdauern folgende Werte:

Tabelle 14.

Verlustdauer .... $h_v =$	2000			3000			4000 Stunden		
Strompreis kWh ..... $k =$	1	2	3	1	2	3	1	2	3
Kupferpreis in 1,0 M/kg	1,79	1,27	1,03	1,46	1,03	0,85	1,27	0,90	0,73
„ „ 1,5 „	2,19	1,55	1,27	1,79	1,27	1,03	1,55	1,10	0,90
„ „ 2 „	2,53	1,79	1,46	2,06	1,46	1,19	1,79	1,26	1,03

Bestimmung der wirtschaftlichsten Verhältnisse für eine Übertragung mit unterirdischen Kabeln.

Im vorhergehenden Abschnitt haben wir nun die wirtschaftlichen Verhältnisse bei Freileitungen behandelt. Bei Ausdehnung der Untersuchung auf Kabel haben wir in ähnlicher Weise wie vorher vorzugehen. Da es sich meist um niedrigere Spannungen und geringere Streckenlängen handeln wird, wollen wir von dem Einfluß der Kosten der erforderlichen Transformatorenstationen absehen.

Wir haben zunächst zu bestimmen:
1. Die Anlagekosten,
2. die Übertragungsverluste.

Den Preis eines Drehstromkabels können wir wie folgt einsetzen:

$$P = aQ + bU \text{ Mark/km.} \tag{211}$$

Infolge der häufig großen Stromstärken hat man auch zu berücksichtigen, daß unter Umständen mehr als ein Kabel verlegt werden muß, um übermäßige Kabelerwärmungen zu vermeiden. Die Verlegungskosten sind nur wenig abhängig von der Anzahl gleichzeitig verlegter Kabel. Der erste Summand aQ ist unabhängig, der zweite Summand dagegen proportional der Zahl der Kabel.

Man erhält demnach für

$$1 \text{ Kabel: } P_1 = aQ + bU + c_1 \quad \text{M/km} \tag{212}$$

$$2 \text{ „ : } P_2 = aQ + 2bU + c_2 \quad \text{„} \tag{213}$$

$$3 \text{ „ : } P_3 = aQ + 3bU + c_3 \quad \text{„} \tag{214}$$

Man kann für überschlägliche Rechnungen setzen $a = 100$, $b = 500$, $c_1 = 6000$, $c_2 = 6600$ und $c_3 = 7200$ Mark.

Die Ableitungs- und Dielektrizitätsverluste sind unbedeutend und können ohne weiteres vernachlässigt werden.

Bestimmung der wirtschaftlichen Übertragung.

Die Stromwärmeverluste sind die gleichen, ob man den Kupferquerschnitt in einem Kabel unterbringt, oder auf mehrere verteilt. Die durch Stromwärme bedingten Widerstandsänderungen sind dabei allerdings vernachlässigt. Wir rechnen mit 40°C Kabeltemperatur (25° Erwärmung, 15° Erdtemperatur).
Die Verluste betragen:

$$V = \left(\frac{N_s}{U}\right)^2 \cdot R_s \frac{L}{Q} \text{ in kW.} \tag{215}$$

Die jährlichen Kosten werden demnach

$$\Re = pP + k \cdot A_v \cdot h_v \text{ Mark/Jahr} \tag{216}$$

sein oder mit eingesetzten Werten:

$$\Re = p(aQ + bU + c)L + k\left(\frac{N_s}{U}\right)^2 \cdot R_s \frac{L}{Q} h_v. \tag{217}$$

Zunächst differenzieren wir nach Q und setzen das Ergebnis $= 0$:

$$\frac{d\Re}{dQ} = paL - k\left(\frac{N_s}{U}\right)^2 \cdot R_s \frac{L}{Q^2} h_v = 0 \tag{218}$$

$$paQ^2 = k\left(\frac{N_s}{U}\right)^2 \cdot R_s \ h_v. \tag{219}$$

Wir erhalten nunmehr den wirtschaftlichen Querschnitt:

$$Q_{\text{wirtsch.}} = \frac{N_s}{U}\sqrt{\frac{R_s \cdot h_v \cdot k}{p \cdot a}} \text{ Ampère.} \tag{220}$$

Differenzieren wir die Gleichung für $\Re$ nach U, erhalten wir

$$\frac{d\Re}{dU} = pbL - 2k\frac{N_s^2}{U^3} \cdot R_s \frac{L}{Q} h_v = 0 \tag{221}$$

$$U^3 = \frac{N_s^2 \cdot k \cdot R_s \cdot h_v}{pbQ}. \tag{222}$$

$Q_{\text{wirtsch.}}$ eingesetzt erhält man

$$U^3 = \frac{N_s^2 \cdot k \cdot R_s \cdot h_v \cdot U}{p \cdot b \cdot N_s}\sqrt{\frac{pa}{R_s \cdot h_v \cdot K}} \tag{223}$$

$$U^2 = N_s\sqrt{\frac{R_s \cdot k \cdot a \cdot h_v}{pb^2}}. \tag{224}$$

Das Resultat ist nun die wirtschaftliche Spannung

$$U_{\text{wirtsch.}} = \sqrt[4]{N_s^2 \cdot \frac{R_s \cdot K \cdot h_v}{p} \cdot \frac{a}{b^2}} \text{ Kilovolt.} \tag{225}$$

Bei 2 oder mehr Kabeln hat man nur statt, b, $2b$, $3b$ usw. zu setzen.

In untenstehendem Kurvenblatt (Abb. 19) sind die wirtschaftlichen Belastungen von Freileitungen auf Grund obiger Formeln für Entfernungen bis zu 500 km und für die Normalspannungen 6—220 kV dargestellt, die aber nur unter Zugrundelegung bestimmter Verhältnisse gelten[1].

2. Wirtschaftliche Übertragung unter Berücksichtigung der Kraftvergrößerung für die Verlustleistung und der Phasenschieberanlagen.

Bei kürzeren Übertragungsanlagen hat man verhältnismäßig geringe Energieverluste in der Größenordnung von vielleicht 5—10 vH, außerdem bestehen keine Schwierigkeiten in bezug auf die Spannungshaltung, auch die Wirkungen der Kapazität und Induktivität der Leitung auf die Übertragungsverhältnisse sind unbedeutend und erfordern meist keine besonderen Aufwendungen.

Sobald aber die erwähnten Eigenschaften, große Energieverluste und Vorrichtungen zur Spannungshaltung bei sehr langen Leitungen zu berücksichtigen sind, gelten nicht mehr die oben gegebenen Formeln. In den folgenden Ausführungen seien daher die erforderlichen Bestimmungsgrößen eingefügt. Zunächst ist die Vergrößerung des Kraftwerks zu berücksichtigen. Hierbei machen wir die zulässige Vereinfachung, daß nur die Vergrößerung durch Stromwärmeverluste genommen wird. Die Ableitungsverluste sind so gering, daß der Fehler nur geringfügig ist. Korona-

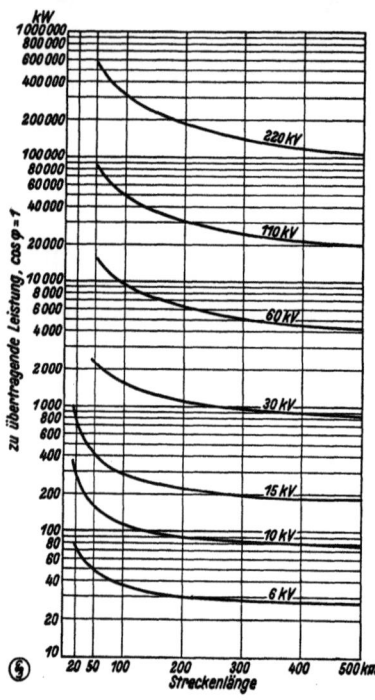

Abb. 19. Beispiel der wirtschaftlichen Spannungen für gegebene Entfernungen und Übertragungsleistungen.

---

[1] Siehe auch Markt: EuM **1930**, 972. — Schönholzer: Schweiz TZ **1928**, 561. — Eimer: Berlin: Julius Springer 1914. — Jansen: ETZ **1926**, S. 819. — Smolinski: ETZ **1928**, 81. — Burger: SZ Sonderdruck 2916, Abb. 1.

Bestimmung der wirtschaftlichen Übertragung.

verluste werden dabei als prinzipiell vermeidbar angenommen. Bei der vereinfachten Berechnung hatten wir für die Verlustarbeit mit einem festen Kilowattstundenpreis gerechnet. Wenn man die Vergrößerung des Kraftwerks in die Rechnung einbezieht, erhalten wir 2 Summanden: Verzinsung der Vergrößerung der Anlage und Verlustarbeitskosten. Die Jahreskosten der Verlustarbeit sind die variablen Kosten des Kraftwerkes für Brennstoff u. dgl. Man hätte demnach bei einer Wasserkraftanlage nur mit dem Prozentsatz des Anlagekapitals zu rechnen, bei einem termischen Kraftwerk dagegen mit beiden Summanden.

In bezug auf die Spannungshaltung nehmen wir an, daß synchrone Blindstromerzeuger längs der Leitung aufgestellt werden, deren Größe der Ladeleistung der Leitung entsprechen. Bei dieser Größenbemessung wird die Spannung sowohl im Leerlauf als auch bei Lasten bis zu einer gewissen Überlastung über die natürliche Leistung hinaus längs der ganzen Leitung konstant gehalten. Es werden hierbei keine besonderen Annahmen gemacht über die Abstände, in der diese Stationen zu errichten sind. Wir rechnen einfach mit mittleren Werten für die Anlagekosten n_{Ph} in Mark je BkW und den gleichen Verzinsungssatz p, wie für die übrige Anlage und einen mittleren Verlust der Blindstromapparate ε_{Ph}. Wir nehmen auch an, daß die Verluste das ganze Jahr dauern. In einer Voruntersuchung muß man den mittleren Verlustsatz überschlagen.

Wir kommen jetzt zur Bestimmung der jährlichen Kosten einer Übertragung unter Benutzung der früher gegebenen Größen ergänzt durch die neu hinzukommenden zu berücksichtigenden Werte.

$$\begin{aligned}\mathfrak{K} = p\Big[&L(n_L + aU + bQ) + 2(n_{ST} + cU + dU^2 + f(N_s))\\ &+ 4(n_{TR} + mU^2 + g(N_s)) + \boldsymbol{\frac{U^2}{K} L \cdot n_{Ph}}\Big]\\ &+ q\Big[n_{Kr}\frac{N_s^2}{U^2} \cdot R_s \frac{L}{Q}\Big]\\ &+ k\Big[\frac{N_s^2}{U^2} \cdot R_s \frac{L}{Q} h_v + \frac{U^2}{R_q} \cdot L \cdot H + A_{vT} + \boldsymbol{\frac{U^2}{K} L H \varepsilon_{Ph}}\Big]\end{aligned} \quad (226)$$

Die drei fett gedruckten Summanden sind gegenüber Gleichung Nr. (203) neu hinzugekommen.

Der wirtschaftliche Querschnitt ergibt sich durch Nullsetzen des Differentialquotienten nach Q. Es ist

$$\frac{d\mathfrak{K}}{dQ} = pLb - q \cdot n_{Kr}\frac{N_s^2}{U^2} R_s \frac{L}{Q^2} - k\frac{N_s^2}{U^2} R_s \frac{L}{Q^2} h_v = 0. \quad (227)$$

und damit wird:
$$Q_w = \frac{N}{U} \sqrt{\frac{R_s}{pb}(q\,n_{Kr} + k\,h_v)} \text{ mm}^2. \tag{228}$$

Daraus erhält man die **wirtschaftliche Stromdichte**
$$y = \sqrt{\frac{pb}{3R_s(q\,n_{Kr} + k\,h_v)}} \text{ Amp./mm}^2 \tag{229}$$

Die **wirtschaftliche Spannung** in derselben Weise berechnet ergibt zunächst:
$$\left.\begin{aligned}
\frac{d\mathfrak{R}}{dU} &= p\left(La + 2c + 4dU + 8mU + \frac{2U}{K}L\,n_{Ph}\right) \\
&\quad - q\left(2\,n_{Kr}\frac{N_s^2}{U^3}\cdot R_s\frac{L}{Q}\right) \\
&\quad + k\left(-2\frac{N_s^2}{U^3}R_s\frac{L}{Q}h_v + \frac{2U}{R_q}LH + \frac{2U}{K}\cdot LH\,\varepsilon_{Ph}\right) = 0
\end{aligned}\right\} \tag{230}$$

Man erhält damit:
$$\left.\begin{aligned}
U^4 &+ U^3 \cdot \frac{a + \dfrac{2c}{L}}{\dfrac{4d+8m}{L} + \dfrac{2}{k}\cdot n_{Ph} + \dfrac{2k}{p}H\left(\dfrac{1}{R_q}+\dfrac{\varepsilon_{Ph}}{K}\right)} \\
&- U\cdot N_s \frac{\dfrac{q}{p}n_{Kr} + \dfrac{K}{p}h_v}{\dfrac{4d+4m}{L}+\dfrac{1}{K}n_{Ph}} + \dfrac{1}{p}\dfrac{k}{} = 0.
\end{aligned}\right\} \tag{231}$$

$$\left.\begin{aligned}
U^3 &+ U^2 \cdot \frac{\dfrac{a}{2} + \dfrac{c}{L}}{\dfrac{2d+4m}{L} + \dfrac{n_{Ph}}{K} + \dfrac{k}{p}H\left(\dfrac{1}{R_q}+\dfrac{\varepsilon_{Ph}}{K}\right)} \\
&- N_s \frac{\sqrt{\dfrac{R_s\cdot b}{p}(q\,n_{Kr}+k\,h_v)}}{\dfrac{2d+4m}{L}+\dfrac{n_{Ph}}{K}+\dfrac{k}{p}H\left(\dfrac{1}{R_q}+\dfrac{\varepsilon_{Ph}}{K}\right)} = 0.
\end{aligned}\right\} \tag{232}$$

Man erhält demnach ebenfalls eine Gleichung dritten Grades für die wirtschaftliche Spannung im Aufbau der früheren, einfachen ähnlich.

Da man meist Normalspannungen zu verwenden hat und diese weit auseinanderliegen, wird man in den meisten Fällen sich damit begnügen können, nur den wirtschaftlichen Querschnitt zu bestimmen, der verhältnismäßig einfach zu berechnen ist.

Wir möchten nicht verfehlen noch zum Schluß darauf hinzuweisen, daß die Betrachtungen über wirtschaftliche Spannungen und Querschnitte sich tatsächlich nur hierauf beziehen. Ob es

Bestimmung der wirtschaftlichen Übertragung. 77

aber wirtschaftlich ist, die betr. Übertragung überhaupt auszuführen, hat hiermit gar nichts zu tun. Es soll eben nur gezeigt werden, daß, wenn man eine bestimmte Leistung über eine gewisse Entfernung übertragen will, man die nach obigen Verfahren errechneten Spannungen und Querschnitte wählen soll.

Bestimmung der Verlustdauer aus der Belastungskurve. Die Verlustdauer h_v ist die Jahresstundenzahl, während der die bei Vollast der Leitung auftretenden Stromwärmeverluste dauern müßten, damit sich die gleiche Verlust-Kilowattstundenzahl er-

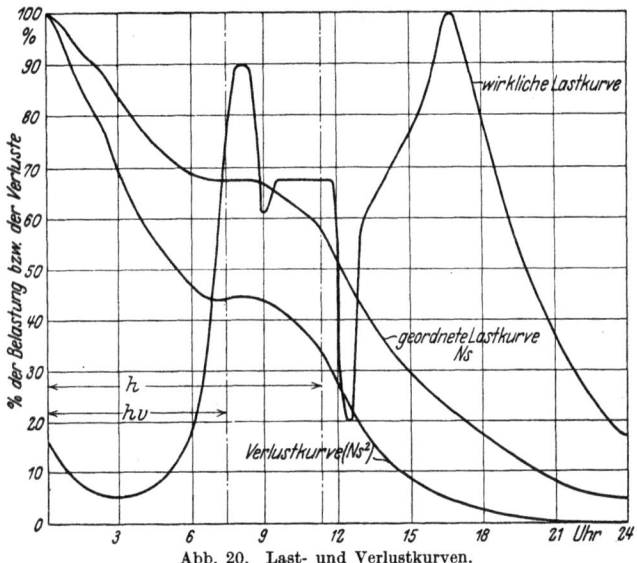

Abb. 20. Last- und Verlustkurven.

gibt, wie sie tatsächlich bei der gegebenen Belastungskurve auftreten würde.

$$h_v = \frac{\int_0^{8760} V\, dt}{V_{\max}}. \qquad (233)$$

Wir wollen uns dies jetzt an einigen Beispielen klarmachen. Tragen wir für eine gegebene Belastungskurve als Abszissen die Zeiten 0—8760 Std. auf und als Ordinaten die Belastungen und die Stromwärmeverluste bei der jeweiligen Belastung, so können wir beide Kurven integrieren und damit die Jahres-Kilowattstundenleistung und -verluste bestimmen. Es empfiehlt sich die Last- und Verlustkurven nach Größen zu ordnen, wie dies in nebenstehendem Beispiel (Abb. 20) gezeigt ist. Es ist die Belastungskurve einer Industriestadt. Aus der geordneten Lastkurve bekommt man eine gute Vergleichsschaulinie, um charakteristische Unterschiede gegenüber Lastkurven anderer Verbraucher festzustellen.

Aus der Belastungskurve erhält man die Belastungsdauer:

$$h = \frac{\int_0^{8760} N_s \cdot dt}{N_{s_{max}}} \text{ in Std.} \quad (234)$$

Aus der Verlustkurve, unter Weglassung der sich aus der Gleichung wieder heraushebenden Faktoren, ergibt sich die Verlustdauer:

$$h_v = \frac{\int_0^{8760} N_s^2 \cdot dt}{N_{s_{max}}^2} \text{ in Std.} \quad (235)$$

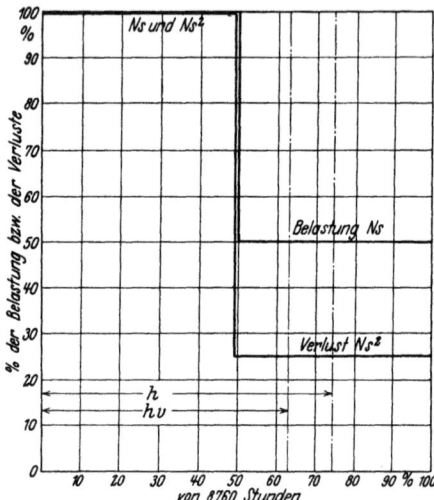

Abb. 21. Bestimmung von h und h_v für Fall 1.

Es seien für einige regelmäßige Belastungsfälle bzw. Belastungskurven die Werte von h und h_v berechnet, sowie ihr gegenseitiges Verhältnis.

Wie bereits gesagt, ist es vorteilhaft zu wissen, mit welcher Verlustdauer man gegebenenfalls rechnen muß, um damit den wirtschaftlichen Stromwärmeverlust der Leitung zu berechnen.

Fall 1 (Abb. 21). Gebrochener Linienzug der Belastung. Belastungsdauer:

$$h = \frac{N_s \cdot 4380 + \tfrac{1}{2} N_s \cdot 4380}{N_s} = 6570 \text{ Std.} \quad (236)$$

Verlustdauer:

$$h_v = \frac{N_s^2 \cdot 4380 + \left(\frac{N_s}{2}\right)^2 \cdot 4380}{N_s^2} = 5475 \text{ Std.} \quad (237)$$

$$\frac{h_v}{h} 100 = 83{,}3 \text{ vH.} \quad (238)$$

Bestimmung der wirtschaftlichen Übertragung. 79

Fall 2 (Abb. 22). Geradliniger Lastabfall:

$$h = \frac{1}{N_s} \int_0^{8760} N_s \cdot \frac{t}{8760} \cdot dt = \frac{1}{8760} \cdot \left.\frac{t^2}{2}\right|_0^{8760} = 4380 \text{ Std.} \quad (239)$$

$$h_v = \frac{1}{N_s^2} \int_0^{8760} N_s^2 \cdot \frac{t^2}{8760^2} \cdot dt = \frac{1}{8760^2} \cdot \left.\frac{t^3}{3}\right|_0^{8760} = 2920 \text{ Std.} \quad (240)$$

$$\frac{h_v}{h} \cdot 100 = 66{,}7 \text{ vH.} \quad (241)$$

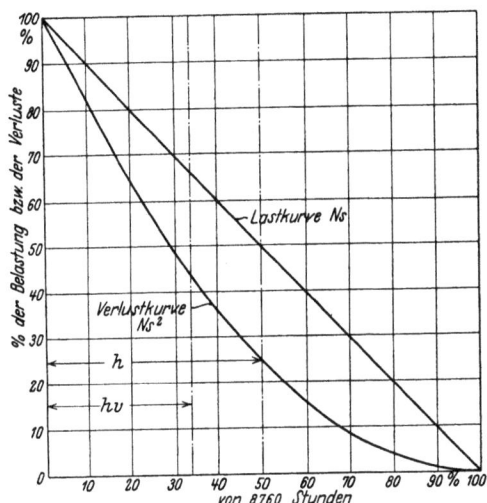

Abb. 22. Bestimmung von h und h_v für Fall 2.

Fall 3 (Abb. 23). Sinusförmiger Lastabfall:

$$h = \frac{1}{N} \cdot \frac{8760}{\frac{\pi}{2}} \int_0^{\frac{\pi}{2}} N_s \cdot (1 - \sin t)\, dt = \frac{\frac{\pi}{2} - 1}{\frac{\pi}{2}} 8760 = 3180 \text{ Std.} \quad (242)$$

$$\left.\begin{aligned}
h_o &= \frac{1}{N_s^2} \cdot \frac{8760}{\frac{\pi}{2}} \cdot \int_0^{\frac{\pi}{2}} N_s^2 \cdot (1 - \sin t)^2\, dt \\
&= \frac{8760}{\frac{\pi}{2}} \left(t - 2\cos t - \frac{1}{4}\sin 2t + \frac{t}{2}\right)\Big|_0^{\frac{\pi}{2}} = 2020 \text{ Std.}
\end{aligned}\right\} \quad (243)$$

$$\frac{h_v}{h} 100 = 63{,}5 \text{ vH}. \tag{244}$$

Wie man aus diesen verschiedenen Beispielen ersehen kann, ist in den meisten Fällen $h_v =$ rd. 67 vH von h.

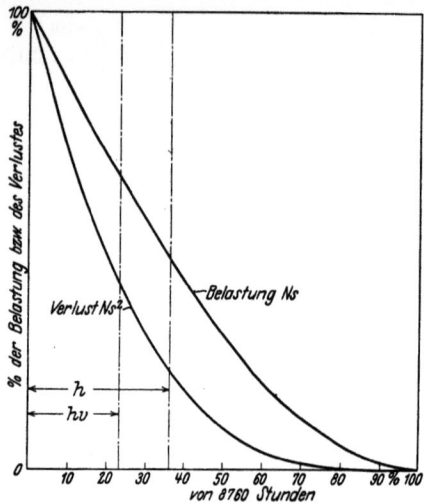

Abb. 23. Bestimmung von h und h_v für den Fall 3.

Für die Projektierung einer Neuanlage muß man sich zur Berechnung der Übertragungsverhältnisse Belastungsdiagramme konstruieren, indem man für die einzelnen Stromverbrauchsarten (Licht, Klein-, Großindustrie, Straßenbahn, Haushalt, Heizung) Belastungskurven aufstellt und zusammensetzt[1].

VIII. Grenzen der Ausführbarkeit.

Bei der Planung einer Kraftübertragung oder Kraftverteilung muß man sich stets die Frage vorlegen: Ist auch die Ausführung möglich, haben wir alles berücksichtigt, was die Dimensionierung anbetrifft? Man muß sich stets in gewissen Grenzen halten, sei es in bezug auf zulässige Strom- und Spannungsbeanspruchung oder ähnliches. Es seien in den folgenden Zeilen die wichtigsten Punkte angeführt, die die Ausführbarkeit einer Anlage begrenzen.

---

[1] Wallem: ETZ **1927**, 33. — Fleischer: El. Wirtsch. **1929/30**, Sonderdruck; El. World, **94**, Nov.; El. Review **1929**, 269. — Schoenberg: ETZ **1929**, 1689; El. Wirtsch. **1931**, März. — Wittich: E.u.M. **1930**, 1043; ETZ **1931**, u.a.

Grenzen in bezug auf Erwärmung. 81

a) Spannungsgrenze.

Die rasche Entwicklung der letzten Jahre hat uns gezeigt, daß wir heute durchaus in der Lage sind, Freileitungsanlagen bis zu 200 kV und Kabelanlagen bis 100 kV ebenso betriebssicher zu bauen, wie vor wenigen Jahren Freileitungen mit 110 und Kabelleitungen mit 30 kV Spannung. Alles deutet darauf hin, daß es ohne weiteres möglich sein wird, die Spannungen für beide Übertragungsarten um 50, evtl. sogar um 100 vH zu erhöhen, also auf 400 bzw. 200 kV zu kommen.

Es ist anzunehmen, daß uns die nächsten Jahre in dieser Hinsicht einen großen Schritt weiterbringen werden, bedingt durch die nationale und internationale Zusammenfassung der Stromversorgung ganzer Länder und Ausnutzung großer Wasserkräfte.

Man kann wohl sagen, daß die technisch erreichbaren oberen Grenzen sowohl in bezug auf Höhe der Betriebsspannung als auch in bezug auf Größe der einzelnen Aggregate, Maschinen und Transformatoren, Schaltapparate allen Anforderungen entsprechen, die für Übertragungszwecke heute gestellt werden.

b) Grenzen in bezug auf Koronaverluste.

Wir haben bereits im Abschnitt V gesehen, wie man Koronaverluste berechnen kann.

Die Siemens-Schuckert-Werke haben eingehende Versuche auf diesem Gebiet gemacht und die von Peek aufgestellte Formel für Seile bis zu 7 cm Durchmesser bestätigt gefunden.

Aus den Berechnungen geht hervor, daß Koronaverluste vermieden werden können, wenn man die Feldstärke an der Seiloberfläche in gewissen Grenzen hält, und zwar unterhalb der Durchbruchfeldstärke von 21,1 kV/cm. Um diese Grenzen einzuhalten braucht man Seile von sehr großem Durchmesser.

Es ist den letzten Jahren vorbehalten gewesen, durch die technische Ausbildung des Hohlseils Abhilfe zu schaffen. Mit diesen ist es möglich gewesen, Seile von genügendem Durchmesser herzustellen, wie sie für Anlagen bis zu 300 kV bzw. 400 kV Spannung erforderlich sind.

c) Grenzen in bezug auf Erwärmung.

1. Durch den Belastungsstrom.

Bei Freileitungen spielt vielfach die Erwärmung der Leitungen durch den Belastungsstrom keine große Rolle. Sie bleibt, wenn man den wirtschaftlichsten Querschnitt wählt, meist unter 2 Amp.

für den Quadratmillimeter. Hierbei sind im allgemeinen keine übermäßigen Erwärmungen zu befürchten. Die Wärmeabgabe des Seiles erfolgt teils durch Strahlung, teils durch Konvektion, d. h. durch direkte Übermittlung an die umgebende Luft. Während die Abkühlung durch Strahlung einer Freileitung bei bestimmtem Temperaturgefälle konstant bleibt, variiert die Abkühlung durch Konvektion mit dem Luftdruck und der Windstärke, sie ist anders bei trockener Luft als bei Regen oder Schnee. Man kann als guten Mittelwert annehmen, daß die Wärmeabgabe für 1 m² Seiloberfläche und für 1⁰ Temperaturdifferenz 12—15 W beträgt.

Man kann auf Grund dieser Zahlen die Stromstärke bestimmen, die die Leitung durchfließen muß, um bei einem gegebenen Querschnitt eine bestimmte Temperaturerhöhung zu verursachen.

Aus der Beziehung zwischen Seilradius und Seilquerschnitt mit dem Füllungsfaktor 0,75[1]

bzw.
$$Q = \pi \cdot \varrho^2 \cdot 75 \text{ mm}^2 \qquad (245)$$

$$\varrho = \frac{Q^{\frac{1}{2}}}{15{,}3} \text{ cm}, \qquad (246)$$

worin Q den Querschnitt in Quadratmillimeter und ϱ den Radius in Zentimeter bedeuten, erhält man die Seiloberfläche für einen Kilometer Seillänge:

$$F = 2\pi\varrho \cdot 10 \text{ m}^2. \qquad (247)$$

Ferner ist der Stromwärmeverlust eines Seiles von ebenfalls 1 km Länge:

$$\frac{i^2 \cdot r_s}{Q} \text{ Watt}, \qquad (248)$$

worin r_s der spezifische Widerstand in Ohm/Kilometer- Quadratmillimeter und i der Strom in Ampere sind.

Rechnet man mit 12 W für 1 m² Oberfläche für jeden Grad Celsius Temperaturerhöhung, so ergibt sich der Strom für eine bestimmte Temperaturerhöhung von ϑ^0 zu

$$i = 7 \cdot \sqrt{\frac{\vartheta}{r_s}} \cdot Q^{\frac{3}{4}} \text{ Amp.} \qquad (249)$$

oder

$$i = p \cdot Q^{\frac{3}{4}} \text{ Amp.} \qquad (250)$$

---

[1] Siehe Mestermann: Siemens-Zeitschrift Dezember 1926, siehe auch Seite 17.

Grenzen in bezug auf Erwärmung.

Zur Bequemlichkeit sei der Faktor p für verschiedene Temperaturen gegeben:

Für $\vartheta =$ 10⁰ 20⁰ 30⁰ 40⁰ 50⁰ 60⁰ 100⁰
ist $p =$ 5,24 7,28 8,75 9,9 10,9 11,75 14,3.

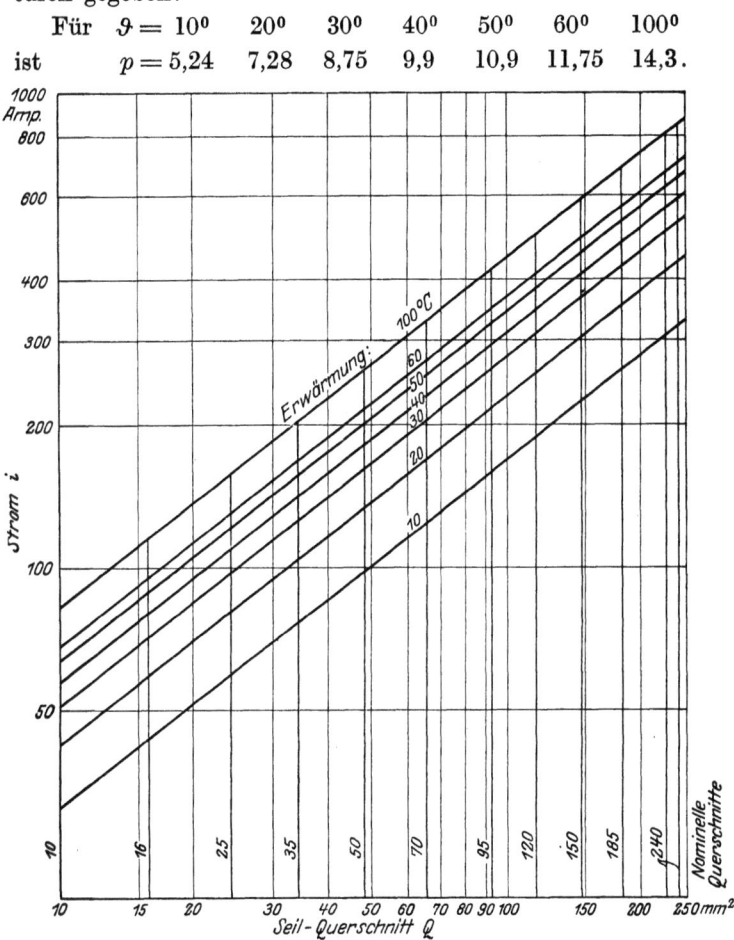

Abb. 24. Erwärmung von Kupferseilen.

Für hartes Kupfer sind die Faktoren um rund 3 vH zu verringern.

Das Verhältnis zwischen Belastung und Erwärmung für verschiedene Querschnitte ergibt sich aus dem Kurvenblatt (Abb. 24). Die Werte gelten nur angenähert für ruhende Luft ohne Berücksichtigung von Wind und Wetter und es sind für hartes Kupfer rund 3 vH kleinere Stromwerte zu nehmen.

Bei Aluminiumleitungen muß man bei gleicher Temperaturerhöhung die Ströme im Verhältnis der Wurzeln der Widerstände verringern. Also es muß sein der Strom im Aluminium

$$i_{Al} = i_{Cu} \cdot \sqrt{\frac{r_{s_{Cu}}}{r_{s_{Al}}}} \text{ Amp.} \qquad (251)$$

Man erhält die angenäherte Beziehung, daß man Aluminiumleitungen nur mit 75 vH des Stromes in Kupferleitungen belasten darf, um gleiche Temperaturerhöhungen zu erhalten.

Für Freileitungen sind keine Grenzen für die Erwärmung durch die Normalien gegeben. Es empfiehlt sich aber nicht, über $\vartheta = 50^0$ C zu gehen, weil andernfalls die Stromwärmeverluste zu groß werden.

Durch den Verband sind die zulässigen Strombelastungen der Kabel normalisiert (siehe Tabelle 8).

Nach diesen Vorschriften erhält man bei Einzelverlegung und unter normalen Verhältnissen eine Erwärmung von 25^0 C. Für andere Belastungen ändert sich die Erwärmung quadratisch mit dem Strom. Es ist bei einem zulässigen Normalstrom i_N und einem Belastungsstrom i die Erwärmung

$$\vartheta = 25 \frac{i^2}{i_N^2} \text{ Grad Celsius.} \qquad (252)$$

Liegen mehr als 2 Kabel im gleichen Graben, so hat man die Belastung entsprechend den Angaben Seite 45 herabzusetzen. Bei dichter Verlegung vieler Kabel im Erdboden, wie es in der Nähe eines Kraftwerkes vorkommt, wo sich die Speisekabel des ganzen Versorgungsgebietes zusammendrängen, oder bei Verlegung in Kabelkanälen, muß man besondere Berechnungen anstellen und mit der Belastung unter Umständen auf 60 vH und weniger herabgehen.

Bei Stahl-Aluminium-Seilen rechnet man in gleicher Weise wie oben die Stromstärke für bestimmte Temperaturerhöhungen aus, indem man 12—15 W für 1 m² und 1^0 C einsetzt.

Eingehende Untersuchungen über Erwärmung von Stahl-Aluminium-Seilen hat R¹C Wood[1] gemacht, bei denen auch der Einfluß der Windstärke, die eine ziemlich große Rolle spielt, beobachtet wurde.

---

[1] J. AIEE, Nov. 1924.

Vergleich der Erwärmung von Hohlseilen im Vergleich mit Vollseilen.

Wir stellen folgenden Vergleich an. Wenn $p\varrho$ den Innendurchmesser des Hohlseiles bezeichnet und f den Füllfaktor des Vollseiles, so ergeben sich folgende Verhältnisse:

	Vollseil	Hohlseil
Querschnitt: Q	$= \pi \varrho^2 \cdot f \cdot 100 \text{ mm}^2$	$= \pi \varrho_x^2 (1 - p^2) \cdot 100 \text{ mm}^2$
Oberfläche: O	$= 2 \pi \varrho \cdot 10 \text{ m}^2$	$= 2 \pi \varrho_x \cdot 10 \text{ m}^2$
Verlust: V	$= \dfrac{i^2 \cdot r_s}{\pi \varrho^2 \cdot f \cdot 100}$ Watt	$= \dfrac{i^2 \cdot r_s}{\pi \varrho_x^2 (1 - p^2) \cdot 100}$ Watt
Verhältnis: $\dfrac{V}{O}$	$= \dfrac{i^2 \cdot r_s}{f \cdot 2000 \cdot \pi^2 \varrho^3}$	$= \dfrac{i^2 \cdot r_s}{2000 \cdot \pi^2 \varrho^3 (1 - p^2)}$

Man berechnet die sich ergebende Übertemperatur des belasteten Seiles mit 12 Watt je m² aus:

$$\vartheta = \frac{V}{O} \frac{1}{12} \text{ in Grad Celsius.}$$

Für gleichen Seilquerschnitt ist:

$$\pi \varrho^2 \cdot f \cdot 100 = \pi \varrho_x^2 \cdot (1 - p^2) \cdot 100 \,.$$

Folglich muß der Hohlseilradius für gleichen Querschnitt wie folgt gewählt werden:

$$\varrho_x = \varrho \sqrt{\frac{f}{1 - p^2}} \,.$$

Dabei ist die Erwärmung des Hohlseiles kleiner, denn das Verhältnis der Erwärmung des Hohlseils ϑ_x zu der des Vollseils ϑ ist:

$$\frac{\vartheta_x}{\vartheta} = \sqrt{\frac{1 - p^2}{f}} \,.$$

Beispielsweise für $p = 0{,}9$ und $f = 0{,}75$ ist die Erwärmung des Seiles nur 50,5 vH der Erwärmung des Vollseiles.

Die Berechnungsweise gilt auch für Stahlaluminiumseile, wobei man jedoch beachte, daß der Füllfaktor f des Aluminiumzylinders besonders bestimmt werden muß.

Jedenfalls bedeutet die geringere Erwärmung dieser Art Seile einen besonderen Vorzug. Man ist beim Vergleich zwischen Kupfervollseil und Stahlaluminium vielfach nicht darauf angewiesen, gleiche ohmsche Widerstände erzielen zu müssen, sondern man will den größtmöglichen Strom durchlassen. Dann ist das Stahlaluminiumseil im Vorteil.

2. Grenzen in bezug auf die Wirkungen, verursacht durch Kurzschlußströme.

Es ist heute infolge der immer stärker anwachsenden Kraftwerksleistungen und Kuppelung großer Kraftübertragungssysteme untereinander unbedingt erforderlich, eine geplante Neu- oder Erweiterungsanlage in bezug auf Kurzschlußströme zu untersuchen.

Die Kurzschlußströme dürfen keine übermäßige Erwärmung der stromdurchflossenen Anlagenteile oder mechanische Überbeanspruchung verursachen. Durch übermäßige Erwärmung kann bei Freileitungen die Festigkeit der Seile verringert werden, bei Kabelleitungen die Isolation Schaden leiden. Namentlich in den Muffen und Endverschlüssen können durch mechanische Wirkungen Zerstörungen auftreten.

Da die Kenntnis der Kurzschlußströme bei der Planung von Übertragungs- und Verteilungsanlagen eine der wichtigsten Rollen spielt, sei hier kurz der Gang der Berechnung gegeben. Wir beschränken uns auf die wichtigsten Gesichtspunkte und verweisen auf die zahlreich vorhandene Literatur auf diesem Gebiet.

Beim Eintreten eines Kurzschlusses in einer Anlage tritt momentan ein sogenannter Stoßkurzschlußstrom auf, der insbesondere die einzelnen Anlageteile in bezug auf mechanische Festigkeit beansprucht. Dieser Strom klingt ab im Verlaufe einiger Sekunden auf einen bleibenden Wert, den sogenannten Dauerkurzschlußstrom. Er ändert sich nicht, solange die Erregung der Generatoren und die Umlaufzahl konstant bleiben. Er bewirkt im wesentlichen eine starke Erwärmung infolge unzulässiger Strombelastung. Es ist ferner üblich, die Abschaltleistung $1/4$ Sekunde nach dem Kurzschlußfall zu bestimmen. $1/4$ Sekunde ist nach dem heutigen Stande der Technik die kürzeste Zeit, in der ein Kurzschluß abgeschaltet werden kann. Unter Zugrundelegung dieser Zahl ist es möglich, die richtige Auswahl der Schaltertype vorzunehmen. Wir betrachten hier nur den dreipoligen Kurzschluß. Man hat zunächst die Gesamtimpedanz des Stromkreises von den Kraftwerksgeneratoren bis zur Kurzschlußstelle zu bestimmen. Soweit es die Werte der Transformatoren und Leitungsteile anbetrifft, verfährt man genau wie bei der Bestimmung der Konstanten von Leitungsberechnungen. Die Kapazität der Leitungen pflegt man zu vernachlässigen. Sie vergrößert den Kurzschlußstrom nur dann, wenn die Spannung des betreffenden Leitungsabschnittes im Kurzschlußfall nicht ganz zusammenbricht. Man denkt sich die Kapazitäten, wie bei der Leitungsberechnung, an den Leitungsenden je zur Hälfte konzentriert und nimmt die Ladeleistung, die sich bekanntlich quadratisch mit der

Spannung ändert, als auf den Kurzschluß arbeitende Blindkraftwerke an[1].

Bei der Kurzschlußberechnung hat man häufig mit vermaschten Leitungssystemen zu tun. Man muß sie nach den hierfür gegebenen Regeln in einfachere Netzgebilde umformen. Die Teilimpedanzen werden auf eine Bezugsspannung, am besten die normale der Fehlerstelle reduziert, geometrisch addiert und zur Gesamtimpedanz des Netzes Z_N zusammengesetzt.

Wie bei der Leitungsberechnung nimmt man die Widerstandswerte je Phase und rechnet zu den Leitungswerten die Generatorenwerte Z_G hinzu. Die gemeinsame Rückleitung denkt man sich an den Generatoren und an der Fehlerstelle widerstandslos geerdet, so daß das Zusammenfassen mehrerer Kraftwerke bei der Berechnung keine Schwierigkeiten bietet.

Infolge der der Feldstärke nicht proportionalen Induktion des aktiven Eisens der Generatoren ergeben sich Schwierigkeiten bei der Bestimmung der Dauerkurzschlußströme.

Es ergibt sich als ersten Amplitudenwert des Stromes nach Auftreten des Kurzschlusses ein Stoßkurzschlußstrom:

$$i_s = \frac{\sqrt{2}}{\sqrt{3}} \cdot (2-p) \frac{E}{Z}. \qquad (253)$$

E ist hierbei die Generator-EMK; also Klemmenspannung + Streuspannungsabfallkomponente, angenähert ist $E = U + e_s \sin \varphi$. Es entspricht hierbei der Winkel φ dem Phasenwinkel vor Kurzschlußeintritt. Man rechnet üblicherweise mit der Annahme, daß die Generatoren vollbelastet arbeiten und daß hierbei der Leistungsfaktor $= 0{,}8$ sei.

Z ist die Impedanz der Strombahn. Bei Klemmenkurzschluß des Generators ist es üblich, mit $p = 0{,}2$ zu rechnen. Bei Kurzschlüssen im Netz vergrößert sich dieser Wert bei steigendem ohmschen Widerstand der Strombahn.

Wenn man mit

$$x = \pi \frac{R_G + R_N}{S_G + S_N}$$

bezeichnet, so erhält man im Netz

$$p_N = x - \frac{x^2}{2}.$$

Die Indizes N bzw. G bedeuten, daß es sich um Netz- oder Generatorwerte handelt.

---

[1] Man nimmt ferner an, daß an der Kurzschlußstelle direkter metallischer Kontakt der 3 Phasenleiter besteht, der etwa vorhandene Lichtbogen wird vernachlässigt.

Als Verhältniszahl entspricht für den Generator R_G der Wert: 0,5 vH und S_G: 15 vH. Nur für Schenkelpolmaschinen ohne Dämpferwicklung hat man S_G mit 24 vH zu berechnen. Der Stoßstrom klingt nun ab zum **Dauerkurzschlußstrom**. Seine Berechnung geschieht am besten nach den **Rüdenberg**schen graphischen Methode oder rechnerisch nach den REH-Regeln. Bei, in bezug auf die Kraftwerke kleineren Abzweigen rechnet man mit einer unendlichen Kraftquelle, d. h. mit einer konstanten Sammelschienenspannung U. Es ist dann

$$i_D = \frac{U}{\sqrt{3} \cdot Z_N}. \qquad (254)$$

Die Berechnung der Dauerkurzschlußströme unter Berücksichtigung der Generatorenimpedanz läßt sich nicht in der gewünschten Kürze geben, und es muß auf die diesbezügliche Literatur verwiesen werden. Es seien hier nur einige Zahlen zum Anhalt der Größenordnung der Ströme auf Grund der REH-Regeln angeführt. Wir bezeichnen mit a das Verhältnis der Induktanzen der ganzen Strombahn zur Induktanz der Generatoren (man bezeichnet diese Größe auch ganz kurz „numerische Kurzschlußentfernung"), also:

$$a = \frac{Z_G + Z_N}{Z_G} \qquad (255)$$

Tabelle 15.

Dann ist für $a =$	1 vH	2 vH	4 vH	8 vH	16 vH
Der Dauerkurzschlußstrom in vH des Normalstromes:					
a) für Turbos $100 \cdot \frac{i_d}{i_n} =$	282	277	255	211	184
b) für Schenkelpolgeneratoren $=$	250	248	235	202	177
Die Abschaltleistung N_a nach den REH-Regeln in vH der Normalscheinleistung N_s $\ldots 100 \cdot \frac{N_a}{N_s} =$	312	197	128	72	38

a) Erwärmung. Während bei der normalen Belastung seltener unzulässige Erwärmungen der Kabel- und Freileitungen vorkommen werden, ist dies im Kurzschlußfall leicht möglich. Man muß also wissen, welche Erwärmung auftreten kann, um entsprechende Maßregeln treffen zu können, sei es beispielsweise Aufteilung der Leitungen, Wahl höherer Kurzschlußspannung der Transformatoren, Einbau von Drosselspulen, kurze Abschaltzeiten für die Schalter usw.

Bei der Bestimmung der Zunahme der Erwärmung beim Dauerkurzschlußstrom nimmt man an, daß während der kurzen Zeitdauer von einigen Sekunden bis zum Abschalten keine Ausstrahlung oder Konvektion stattfindet und die gesamte Wärme von der Wärmekapazität der Leitung aufgenommen wird. Es steigt danach die Temperatur geradlinig an, wenn man die Zunahme der spezifischen Wärme und Widerstände vernachlässigt. Es ergeben sich jedoch für höhere Temperaturen größere Unterschiede, die man für genauere Bestimmungen vermeiden muß.

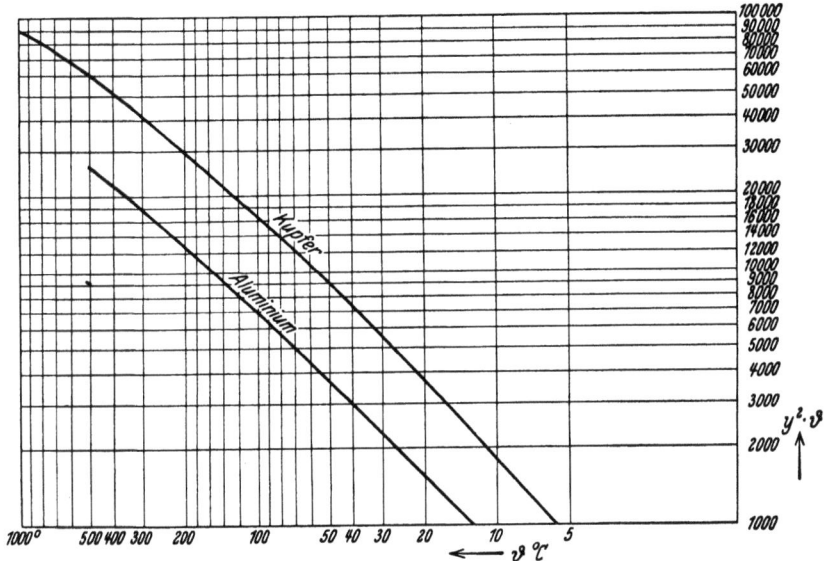

Abb. 25. Erwärmung nach Gut und Grünberg. (Bull. SEV 1927. H. 4.)

Die Berechnung erfolgt am besten nach Gut und Grünberg: Man berechnet die spezifische Strombelastung y in Amp. je mm² und erhält die Übertemperatur für die Zeit dt aus:

$$d\vartheta = y^2 \cdot p \cdot dt, \qquad (256)$$

worin $p = \dfrac{r_s}{4{,}189\,\gamma \cdot c}$ ist, d. h. das Verhältnis vom spezifischen Widerstand zur spezifischen Wärme in Joule für 1 cm² und 1° C. Dieser Wert wächst mit der Temperatur im Verhältnis $1 + \varepsilon\vartheta$.
Es ändert sich daher obige Gleichung in:

$$d\vartheta = y^2 p (1 + \varepsilon\vartheta)\, dt \qquad (257)$$

oder

$$\frac{1}{1+\varepsilon\vartheta} d\vartheta = y^2 p\, dt. \qquad (258)$$

Durch Integration erhält man dann:

$$\frac{1}{\varepsilon}\ln(1+\varepsilon\vartheta) = y^2 \cdot t \cdot p + C \qquad (259)$$

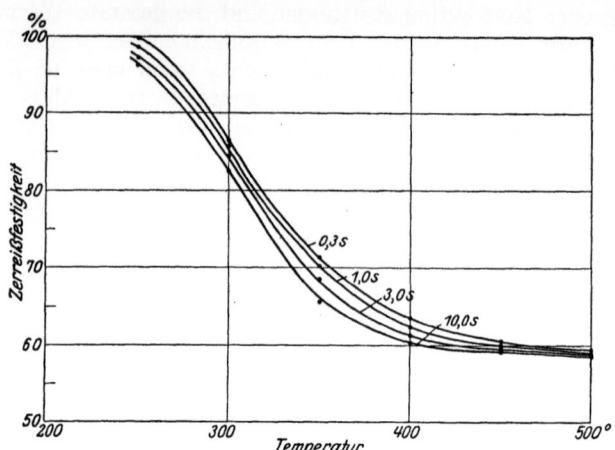

Abb. 26. Zerreißfestigkeit von Kupfer.

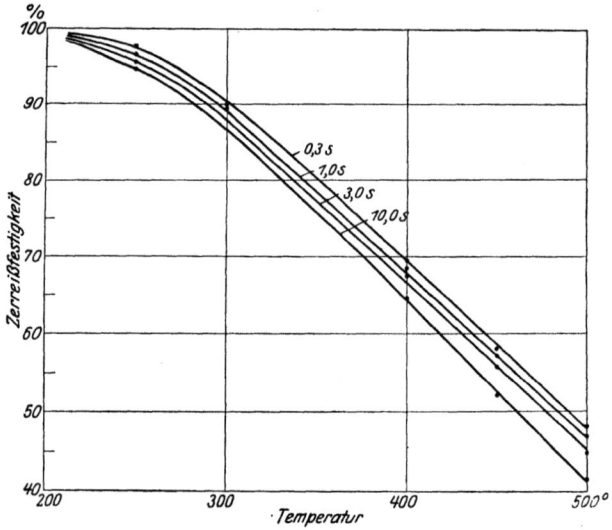

Abb. 27. Zerreißfestigkeit von Bronze.

und nach ϑ aufgelöst:

$$\vartheta = \frac{1}{\varepsilon}(e^{y^2 \cdot p \cdot t \cdot \varepsilon} - 1). \qquad (260)$$

Grenzen in bezug auf Erwärmung. 91

Diese Gleichung ist in Abb. 25 dargestellt. Sobald das Produkt $y^2 \cdot t$ bekannt ist, kann man sofort die zugehörige Erwärmung abgreifen.

Die Kurven für Cu und Al sind für 20° Anfangstemperatur berechnet. Hatte der Leiter vor dem Kurzschluß eine höhere Temperatur, beispielsweise 60°, so muß man unter Annahme von Kupfer aus dem Kurvenblatt für $60 - 20 = 40$ für die entsprechende Wärmemenge $y_1^2 \cdot t$ aus dem Kurvenblatt ablesen. Man findet hier den Wert 7300. Hierzu kommt der Wert $y_2^2 t$ für den Kurzschlußstrom und Zeitdauer beispielsweise 3000 hinzu. Es ist dann mit einer gesamten Wärmemenge von 7300 $+3000=10300$ zu rechnen. Die Übertemperatur beträgt hierfür nach dem Kurvenblatt 59°, d. h. die Leitung wird eine Temperatur von $59+20=79°$ annehmen.

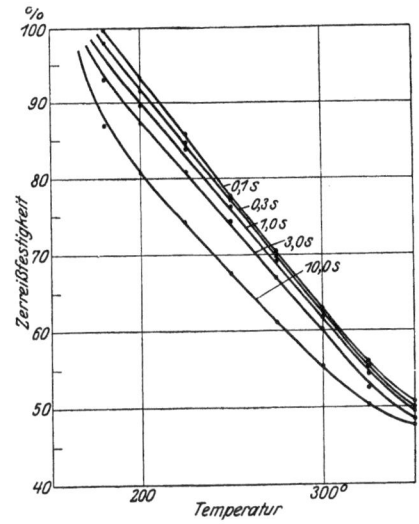

Abb. 28. Zerreißfestigkeit von Aluminium.

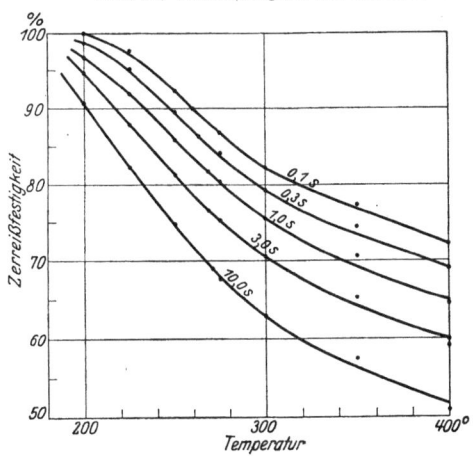

Abb. 29. Zerreißfestigkeit von Aldrey.

Sehr interessante Versuche über den Einfluß der Kurzschlußströme auf die Festigkeit und Leitfähigkeit hartgezogener Drähte sind von Dipl.-Ing. H. Schmitt der Lautawerke ausgeführt worden (ETZ **1928**, 684). — Die Resultate sind in nebenstehenden Kurven gegeben (Abb. 26, 27, 28 u. 29). Danach sieht man, daß der Beginn der Entfestigung bei Kupfer bei 220—240°, bei Bronze bei 190—200°, bei Aluminium bei 160—180°, bei Aldrey bei 180—200° liegt. Nimmt man die unteren Werte um 25 vH verringert als zulässige Erwärmungswerte, ergibt sich folgende Tabelle:

> Kupfer . . . . . $\vartheta_{max} = 160°$
> Bronze . . . . 140°
> Aluminium . . . . . . 120°
> Aldrey . . . . 135°
> Leitfähigkeit der Bronze = 38,2 Siemens und
> Zerreißfestigkeit . . . . = 76 kg/mm²

Man kann damit, wie bereits von Panzerbieter angegeben wurde, die Mindestquerschnitte bei gegebenem Kurzschlußstrom und Zeitdauer wie folgt bestimmen:

Für Kupfer

$$Q_{min} = \frac{i_K}{160} \cdot \sqrt{t} \text{ mm}^2. \qquad (261)$$

Für Aluminium

$$Q_{min} = \frac{i_K}{80} \cdot \sqrt{t} \text{ mm}^2. \qquad (262)$$

Die Werte gelten sowohl für Kabel als auch für Freileitungen.

Rüdenberg hat in sehr eleganter Weise diese Formel insofern wesentlich verbessert, daß er einen Zeitzuschlag Δt zu der Auslösezeit macht, durch die der Einfluß des Stoßkurzschlußstromes berücksichtigt wird. Wie man diesen Zuschlag berechnet, findet man in Rüdenberg: „Kurzschlußströme beim Betrieb von Großkraftwerken".

Man wird bei Durchrechnung praktischer Fälle finden, daß man die Verlegung zu dünner Kabel vermeiden muß, weil sie der Kurzschlußbeanspruchung nicht mehr standhalten. Wenn die Querschnitte unwirtschaftlich groß werden, muß man durch Einbau von Drosselspulen den Kurzschlußstrom auf einen für das betreffende Kabel zulässigen Wert herabsetzen.

Außerdem hat man durch geeignete Selektivschutzsysteme Mittel in der Hand, die Zeit zwischen Eintritt des Kurzschlußfalles und der Abschaltung der Fehlerstrecke zu beschränken[1].

Zur raschen Ermittlung der Kurzschlußströme in Niederspannungsnetzen dient die Methode von Dr. z. Megede (S. Z. **1930**, 29) für Hochspannungsnetze von demselben[2] siehe auch Rziha und Seidener Bd. 2, 163.

In dem Abschnitt „abgekürzte Rechenmethoden" wird angegeben, wie man schnell die Kurzschlußströme berechnet.

Nach amerikanischem Vorbild hat man auch in Europa angefangen, die Kurzschlußverhältnisse in komplizierteren Fällen,

---

[1] Kesselring: Selektivschutz. Berlin: Julius Springer.
[2] ETZ **1930**, 1708.

namentlich auch dann, wenn man die Stromverteilung vermaschter Systeme untersuchen will, unter Verwendung eines **Netzmodelles** zu untersuchen. Diese Einrichtungen arbeiten zumeist mit **Gleichstrom**. Man berücksichtigt dann nur die induktiven Widerstände, die durch entsprechende ohmsche Widerstände dargestellt werden. Wenn ohmsche, induktive und kapazitive Widerstände zu berücksichtigen sind, muß man ein **Wechselstrommodell** verwenden. Die Kosten einer derartigen Einrichtung sind beträchtlich, so daß nur sehr große Kraftverteilungsunternehmungen in der Lage sein werden, solche Einrichtungen zu beschaffen.

d) Grenzen in bezug auf Stabilität der Übertragung.

Die Stabilität der Übertragung ist bei der steigenden Zusammenkoppelung großer Kraftwerke ein in neuerer Zeit immer stärker hervortretendes Problem. Es kann auf dies wichtige Gebiet nicht näher eingegangen werden, da es zu umfangreich ist und zu einem großen Teil auch mehr den Betrieb von Kraftwerken betrifft. Eine Übertragung ist stabil, wenn die jeweils zugeführte Leistung der abgegebenen entspricht, so daß die Frequenzhaltung und Spannungshaltung gewahrt bleibt. Bei ruhender Last ergeben sich keine weiteren Schwierigkeiten. Wenn aber im Falle einer plötzlichen Lastzunahme die Kraftmaschinenregler nicht rechtzeitig die Füllung vergrößern, treten Pendelungen auf, die unter Umständen gefährlich anwachsen und zu einem Außertrittfallen oder Abschalten führen können.

Wir wollen in großen Zügen allgemein einen praktisch möglichen Fall schildern. Zwei Kraftwerke A und B arbeiten parallel auf ein großes Netz. In der Verbindungsleitung zwischen A und B fließe aber zu einem gegebenen Zeitpunkt gar kein Strom. Jedes Werk speist seinen Bezirk. A soll nun plötzlich aus besonderen Gründen eine größere Leistung nach B senden, weil hier eine Maschine ausgeschaltet werden mußte oder Ähnliches. Der für die Stromlieferung von A nach B erforderliche Spannungsabfall ist aber infolge der Einstellung der Erregungen beider Werke nicht vorhanden. B muß einen sehr großen Magnetisierungsstrom nach A senden, und wenn er nicht geliefert werden kann, können die Werke infolge der großen Ausgleichsströme und Stromstöße außer Tritt fallen. Wenn das Außertrittfallen noch vermieden werden kann, wird aber, weil A die Leistung aus elektrischen, B die Leistung aus mechanischen Gründen nicht liefern kann, die Umlaufszahl verringert. Die Spannung in B sinkt und mit dem jetzt größeren Spannungsabfall kann A entsprechend mehr Leistung liefern; die Spannung geht in B wieder in die Höhe. Dann aber ist der Spannungsabfall nicht mehr vorhanden, A kann nicht mehr Leistung nach B liefern und es beginnen dieselben Vorgänge, die wir geschildert haben, von neuem. So kann unter Umständen das Spiel einige Male sich wiederholen und durch immer wachsende Ausgleichsströme zu einer Stromunterbrechung führen, wenn die Kommandostelle der Werke nicht inzwischen eingreift und geeignete Maßnahmen treffen.

Bei unseren Betrachtungen wollen wir uns rein an die elektrischen Verhältnisse halten und untersuchen, welchen Einfluß sie für die Stabilität einer Übertragung haben. Es kommen hierbei in Frage das synchronisierende Moment der Kraftwerksgeneratoren und die elektrischen Konstanten der Verbindungsleitung. Die Schnelligkeit der Felderregung kommt erst in zweiter Linie in Frage.

Wir wollen das Stabilitätsproblem, soweit es elektrischer Natur ist, an einem einfachen Fall untersuchen, bei dem die eben geschilderten Verhältnisse auftreten können. Zwei Kraftwerke, jedes ein eigenes Versorgungsgebiet besitzend, seien durch eine Hochspannungsleitung verbunden. Kraftwerk I liefere an II Überschußenergie. Sämtliche Synchrongeneratoren der Kraftwerke denken wir uns zu je einem resultierenden Generator zusammengefaßt, und wir rechnen uns nun die Generator- und Leitungsimpedanzen aus. Der Vereinfachung halber vernachlässigt man die im Nebenschluß liegenden Verluste, wie Eisen- und Ableitungsverluste u. dgl. Man denkt sich ferner die Erregerströme fest eingestellt und rechnet mit konstanter Generator-EMK. Als Generatorinduktanz nimmt man die aus der Streuspannung für den ersten Moment eines plötzlichen Stromstoßes errechneten Werte.

Es soll nun eine Kraftübertragung auch in Störungsfällen nach Möglichkeit in synchronem Betrieb bleiben und, soviel dies an den elektrischen Übertragungsmitteln liegt, vorgesorgt werden.

Man kann beispielsweise vorschreiben, die Anlage muß so dimensioniert sein, daß Belastungsstöße von 50 vH über die vorherige normale Last kein Außertrittfallen der Generatoren verursachen. Denken wir uns zunächst eine Übertragung, wie sie in Abb. 32 schematisch dargestellt ist. Die Sammelschienenspannungen der beiden Kraftwerke I und II seien U_a und U_e. Sie sollen konstant gehalten werden, und es wird zur Vereinfachung zunächst einmal angenommen, daß es möglich ist, auch bei Laststößen zu verhindern, daß die Klemmenspannung der Generatoren unter den Normalwert sinkt. Die Impedanz

Grenzen in bezug auf Stabilität der Übertragung.

der Verbindungsleitung einschließlich der Transformatoren sei $Z = \sqrt{R^2 + S^2}$ in Kilo-Ohm. Bei der Belastung mit W kW und einem Leistungsfaktor $= \cos \varphi$ ergebe sich das Kopplungsdiagramm Abb. 32.

Wir wollen nun bestimmen, welche Beziehung zwischen der übertragenen Leistung zu den Spannungen U_a und U_e und der Impedanz Z besteht. Es tritt hierbei eine wichtige Größe auf, nämlich der Winkel α zwischen den beiden Spannungsvektoren Es ist, wie aus dem beistehenden Diagramm abzulesen ist:

$$U_a \cos \alpha - U_e = \sqrt{3} \cdot (+ i \cdot R \cdot \cos \varphi + i S \sin \varphi) \quad (263)$$

$$U_a \sin \alpha = \sqrt{3} \cdot (- i \cdot R \cdot \sin \varphi + i S \cos \varphi). \quad (264)$$

Hierin sind U in kV und R, S und Z in Kilo-Ohm zu nehmen. Man erhält daraus:

$$i \cos \varphi = \sqrt{3} \cdot \frac{U_a R \cos \alpha - U_e R - U_a \cdot S \cdot \sin \alpha}{Z^2} \quad (265)$$

Da

$$W = \sqrt{3} \cdot U_e \cdot i \cdot \cos \varphi \text{ kW} \quad (266)$$

ist, erhält man unter Berücksichtigung, daß $R = Z \cos \gamma$ ist:

$$W = \frac{U_a \cdot U_e}{Z} \left(\cos (\alpha - \gamma) - \frac{U_e}{U_a} \cdot \cos \gamma \right) \text{ kW}. \quad (267)$$

Ebenso ist die Blindleistung zu bestimmen.
Aus

$$i \sin \varphi = \sqrt{3} \cdot \frac{U_a \cdot S \cos \alpha - U_e \cdot S - U_a \cdot R \cdot \sin \alpha}{Z^2} \quad (268)$$

ergibt sich

$$B = \frac{U_a \cdot U_e}{Z} \left(\sin (\gamma - \alpha) - \frac{U_e}{U_a} \sin \gamma \right) \text{ BkW}. \quad (269)$$

Da der Wirkwiderstand klein in bezug auf den Blindwiderstand zu sein pflegt, kann man $Z \approx S$ setzen. Es fallen in der Gleichung Nr. 265 die beiden Summanden mit R fort und es ist, wenn die Spannungen $U_a = U_e = U$ gehalten werden:

$$W = \frac{U^2}{S} \cdot \sin \alpha, \quad (270)$$

$\frac{U^2}{S}$ ist aber die Kurzschlußleistung der Anlage, so daß man auch sagen kann, die bei dem Winkel α übertragbare Leistung ist:

$$W = N_K \cdot \sin \alpha, \quad (271)$$

wobei N_K die Kurzschlußleistung ist.

96   Grenzen der Ausführbarkeit.

Man ersieht daraus, daß bei zunehmendem Winkel die Koppelleistung steigt, bis α den Wert 90^0 erreicht, d. h. bis $\dfrac{dW}{d\alpha}=0$ wird. Von da an fällt die Leistung bei weitersteigendem Winkel α. Wenn also die Belastungsverhältnisse einen größeren Winkel ergeben, wird der Betrieb instabil. Die Generatoren im Kraftwerk I erhalten eine immer weitersteigende Voreilung, wobei dauernd die Last fällt, bis der Spannungsvektor sich weiter nach 180^0 zu, also zur Phasenopposition zu, bewegt, womit ein heftiger Kurzschlußstrom auftritt und der ganze Betrieb umgeworfen wird.

Beispielsweise wollen wir annehmen, daß zwei sehr große Kraftwerke durch eine 150 km lange 100 kV-Leitung von $2 \times 3 \times 95$ mm² Kupferseil verbunden sind. An den beiden Enden befinden sich Transformatoren, insgesamt für 100 MVA-Leistung, Übersetzung 6:110. Sie haben eine Kurzschlußspannung von 10 vH und einen ohmschen Spannungsabfall von 1 vH. Wie groß ist die Instabilitätsleistung (Kippgrenze)? Die auf 100 kV reduzierte Sammelschienenspannung sei 105 kV.

Tabelle 16. Berechnung der Leitungskonstanten.

		Wirkwiderstand Ohm	Blindwiderstand Ohm
Leitung	$18{,}2 \cdot \dfrac{150}{2 \cdot 93} =$	14,7	
	$150 \cdot \dfrac{0{,}4}{2} =$		30,0
Transformator: am Anfang	$\dfrac{10 \cdot 1 \cdot 105^2}{100\,000} =$	1,1	
	$\dfrac{10 \cdot 10 \cdot 105^2}{100\,000} =$		11,0
am Ende	dgl. =	1,1	11,0
	Sa.	16,9	52,0

Daraus ergibt sich die Impedanz

$$Z = \frac{1}{1000} \cdot \sqrt{16{,}9^2 + 52^2} = 54{,}7 \text{ Kiloohm}$$

der Impedanzwinkel

$$\gamma = 71^0 55'.$$

Die Kippgrenze ergibt sich bei $\alpha = \gamma$ zu

$$W = \frac{105^2}{0{,}0547} (\cos 0 - \cos 71^0 55') = 140\,000 \text{ kW}.$$

Grenzen in bezug auf Erwärmung. 97

Die angenäherte Formel ergibt einen zu großen Wert, da der ohmsche Widerstand in dem vorliegenden Fall nicht vernachlässigt werden darf. Es wäre danach:

$$W \approx \frac{105^2}{0{,}052} = 210\,000 \text{ kW}.$$

Aus den beiden Gleichungen Nr. 267 und 269 ersieht man, daß es möglich ist, die übertragbaren Wirk- und Blindleistungen auszudrücken durch die Klemmenspannungen, durch die Impedanz der Übertragung, den Impedanzwinkel und den Vektorwinkel α

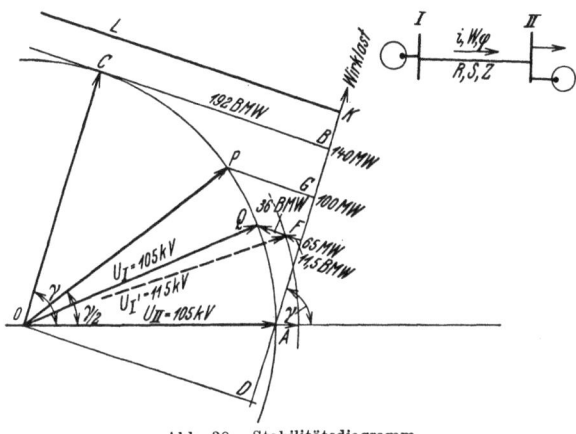

Abb. 30. Stabilitätsdiagramm.

zwischen den Spannungen. Wenn man die Spannungen und Impedanz als gegeben ansieht, zeigen diese Formeln die Gesetzmäßigkeit der Abhängigkeit der übertragenen Leistung vom Winkel α.

In dem nebenstehenden Diagramm Abb. 30 sind nun die Verhältnisse dargestellt, wie sie sich auf Grund obiger Berechnung ergeben.

OA stellt die Spannung U_{II} an den Sammelschienen des Kraftwerkes II dar. Die Spannung im Kraftwerk I wird ebenfalls auf den gleichen Wert gehalten und durch einen Kreis um 0 dargestellt. Je nach Belastung eilt dieser Spannungsvektor um den sogenannten Stabilitätswinkel α gegenüber U_{II} vor. Es ist OC der Kurzschlußstrom, der unter dem Impedanzwinkel γ dem Vektor OA nacheilt. Auf dem ebenfalls mit dem Winkel γ gegen OA gelegten Strahl AB, der sog. Wirkleistungslinie, wird die Kippleistung AB abgetragen. Sie ist durch den Schnittpunkt B des

Burger, Drehstrom-Kraftübertragungen. 2. Aufl. 7

98   Grenzen der Ausführbarkeit.

Strahles AB mit der Tangente an den Kreis in C bestimmt und beträgt 140 MW. Wenn man als äußerste Grenze bei maximaler Last den Vektor-Differenzwinkel oder Stabilitätswinkel $\alpha = {}^1/_2\,\gamma$ annimmt, ergibt sich aus dem Diagramm Abb. 30 hierfür eine Last von 100 MW. Der normale Betrieb könnte demnach mit 2/3 von 100 = 65 MW gemacht werden. Hierbei ist der Winkel $\alpha = 22^0$. Bei einem 50 vH Laststoß würde man erst den halben Impedanzwinkel erreichen. Bei weiterer Steigerung der Last über B hinaus ist die Aufrechterhaltung des Betriebes überhaupt nicht möglich. Nehmen wir an, die Last wüchse auf K. Eine Parallele KL zu CB schneidet den Spannungskreis überhaupt nicht mehr. Der Betrieb muß zusammenbrechen. Auf einen sehr wichtigen Punkt muß aber jetzt hingewiesen werden. Das ist die Frage: Wie verhält es sich bei dieser Übertragung mit dem Blindstrom? Aus dem Diagramm ersieht man, daß bei 65 MW Last rund 36,6 BMW voreilende Blindlast erforderlich sind. Die Stromverbraucher der Sammelschiene II müssen demnach nicht nur den meist erforderlichen nacheilenden Blindstrom, sondern auch den für Übertragung erforderlichen Blindstrom (36,6 BMW) anderswoher beziehen, sei es durch das Kraftwerk II oder durch besondere in II oder im Netz von II aufgestellte Phasenschieber.

Bei steigender Last wächst der Blindstrom gewaltig an. Er ist bei der Kippleistung rund 192 BMW. Günstiger werden die Verhältnisse in bezug auf den Blindstrombedarf bei Erhöhung der Spannung in I. Beispielsweise ist bei $U_\mathrm{I} = 115$ kV bei 65 MW der Blindstrombedarf nur 11,5 BMW. Bei unseren Betrachtungen haben wir die Kapazität der Leitung vernachlässigt. Im Beispiel hätte man mit einer voreilenden Blindlast von etwa:

$$N_c = \frac{105^2}{360}\,2 \cdot 150 = 9200 \text{ BkW} \qquad (272)$$

zu rechnen, hiervon geht ab die Magnetisierungsleistungen der Transformatoren

$$N_M = 2 \cdot 100\,000 \cdot \frac{3}{100} = 6000 \text{ BkW}. \qquad (273)$$

Die Differenz 9200 — 6000 = 3200 BkW würde demnach den Betrag der oben angegebenen erforderlichen Blindleistung verringern.

Hat man es mit einer größeren Ladeleistung der Leitung wegen ihrer großen Länge und hohen Spannung zu tun, hätte man entsprechend den im Kapitel X f. S. 141 angegebenen Grundsätzen zu verfahren. Die Wirkleistungslinie rückt entsprechend weiter nach links, der Punkt A verschiebt sich weiter nach oben, B

Grenzen in bezug auf Erwärmung. 99

nach vorn. Für Berechnungen sehr langer Leitungen hätte man demnach die Punkte A und B nach den entsprechenden Regeln zur Konstruktion von Betriebsdiagrammen, wie in Kapitel X S. 153 beschrieben, zu verfahren.

Das oben dargestellte Diagramm zeigt ebenso wie andere, die man für Übertragung großer Leistungen aufstellt, daß ein stabiler Betrieb ohne besondere Hilfsmittel nicht möglich ist. Man hat sich dadurch geholfen, daß man die Strecke in kürzere Teilstrecken zerlegt und in jedem Zwischenpunkt spannungshaltende Maschinen oder Apparate aufstellt. Nach dem Vorgang von Baum nimmt man hierzu leerlaufende Synchronmaschinen, die den erforderlichen Blindstrom zur Spannungshaltung liefern, wie dies in dem besonderen Abschnitt Kapitel XI S. 158 ausgeführt wird.

Während man in der ersten Zeit des Auftretens des Stabilitätsproblems Untersuchungen an dem elektrischen Teile der Übertragungsanlage in dem Sinne der obigen Ausführungen machte, d. h. also im Sinne der Spannungshaltung, hat man nach Klärung dieses Problems seine Aufmerksamkeit mehr auf die Frage der Aufrechterhaltung des Betriebes in Störungsfällen gerichtet. Es sind dies jedoch Probleme, deren Lösung auf dem Gebiet der Schaltung, der Schnellerregung, der Schutzeinrichtungen und der Automatik zum schnellsten Abschalten von Fehlern und Wiedereinschalten der Anlagenteile nach Beseitigung der Störung liegen. Dies sind jedoch Aufgaben, die nicht in den Rahmen dieser Arbeit fallen.

Wir haben bei der Betrachtung der Stabilitätsverhältnisse angenommen, daß die Sammelschienenspannungen in den Kraftwerken I und II stets konstant gehalten werden können, also groß sind im Verhältnis zur übertragenen Leistung. Wenn dies nicht der Fall ist, muß man mit der inneren EMK der Generatoren rechnen und der Leitungsimpedanz die Wirkwiderstände und Streuinduktanzen hinzuzählen.

Da es sich erfahrungsgemäß innerhalb einer Sekunde nach Eintritt einer plötzlichen Belastungszunahme zeigen muß, ob die elektrischen Verhältnisse die Aufrechterhaltung des Betriebes gestatten, ist es nicht notwendig, die entmagnetisierende Wirkung durch den Belastungsstrom zu berücksichtigen. Inzwischen muß durch schnelles Heraufregeln des Erregerstromes für unbedingtes Aufrechterhalten der Sammelschienenspannungen gesorgt werden.

Die gegebene Darstellung der statischen elektrischen Stabilitätsverhältnisse dürfte die einfachste und übersichtlichste sein. Betrachtungen mit großem mathematischen Aufwand können kein anderes Resultat ergeben.

e) Grenzen in bezug auf den Skineffekt.

Wir hatten eingangs gesagt, daß der elektrische Strom wohl in Richtung des Leiters vorschreitet, aber transversal schwingt und hierbei radial in den metallischen Leiter eindringt. Die Eindringungstiefe hängt ab von dem spezifischen Widerstand und der Permeabilität des betreffenden Metalls, ferner auch von der Frequenz.

Der Skineffekt bedeutet für dicke Seile eine Zunahme des ohmschen Widerstandes, da der Strom nicht gleichmäßig über die ganze Querschnittsfläche verteilt ist.

Man muß sich den Leiter durch einen Hohlzylinder ersetzt denken, dessen Wandstärke so groß ist, daß der ohmsche Widerstand dem des Vollseiles entspricht. Nach A. Grey lautet die entsprechende Formel für die Wandstärke eines solchen Hohlzylinders:

$$d = a \cdot \sqrt{\frac{r_s}{\omega \cdot \mu}} \text{ in cm,} \qquad (274)$$

worin a ein Zahlenfaktor, μ die Permeabilität, ω die Kreisfrequenz und r_s der spezifische Widerstand ist.

Es ergibt sich, daß bei 50 Hz die Eindringungstiefe $d = 0,91$ cm beträgt. Bis 200 mm² Querschnitt hat man demnach keine merkliche Widerstandszunahme.

Die genauen Formeln zur Berechnung des Skineffektes sind vielfach behandelt worden. Dieselben sind beispielsweise aufgeführt von Jahnke und Emde[1], ferner seien erwähnt die Versuche von Middleton und Davis[2].

Dwight[3] gibt die genaue Berechnung der Stromverdrängung für Voll- und Hohlzylinder. Die Resultate sind im Kurvenblatt Abb. 31 dargestellt. Es wird die Zunahme des Wirkwiderstandes infolge der Stromverdrängung gegenüber dem bei gleichförmig verteilten Strom angegeben. Als Bezugsgröße gilt der Wert

$$p = \frac{2\pi}{10} \cdot \sqrt{\frac{2f\mu}{r_s}} \cdot d \qquad (275)$$

$$p_{50} = \frac{2\pi}{\sqrt{r_s}} \cdot d \text{ (für 50 Hz und } \mu = 1\text{),} \qquad (276)$$

worin r_s der spezifische Widerstand je Kilometer und Quadratmillimeter und d die Wandstärke in Zentimetern ist. Bei Seilen

---

[1] Funktionentafeln 1909 (1923), 143.
[2] J. AIEE 1921, 757.   [3] T. AIEE 1918, 977.

muß man den Widerstand im Verhältnis des Füllfaktors erhöhen. Beispielsweise, wenn man für Kupfer $r_s = 18,2$ hat, ist für Seile im Mittel (siehe auch Seite 17)

$$r_s' = \frac{18,2}{0,75} = 24,3 \qquad (277)$$

zu nehmen.

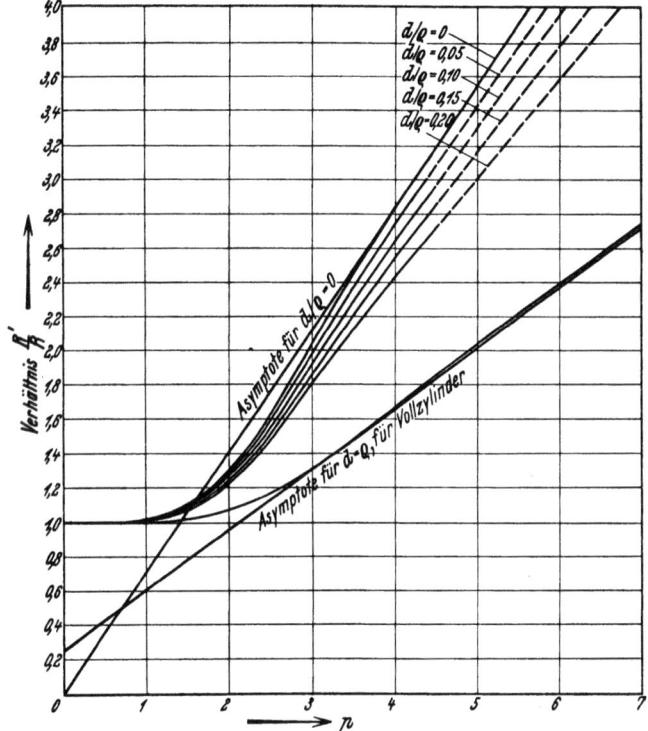

Abb. 31. Skineffekt für Hohl- und Vollzylinder nach Dwight.

Man erhält für diese beiden Werte für 50 Hz und $\mu = 1$:

$$p = 1,47\,d \text{ für Vollzylinder} \qquad (278)$$

$$p' = 1,28\,d \text{ für Seile mit Füllfaktor 0,75.} \qquad (279)$$

Für volle Zylinder oder Seile, also für $d = \varrho$, gilt folgende Tabelle für die Widerstandszunahme bei verschiedenen Werten von p und den zugehörigen Radien von Vollzylindern und Seilen.

Tabelle 17.

p .... =	1,0	1,5	2,0	3,0
$100\dfrac{R'}{R}$ ... =	0,56	2,6	7,9	31,8 vH
massiv ... =	0,68	1,02	1,36	2,04 cm
Seil .... =	0,79	1,18	1,57	2,36 cm

f) Mechanische Belastung.

Man bestimmt die auf die Leitungen gegenseitig durch den hindurchfließenden Strom ausgeübten Kräfte folgendermaßen:

Ein vom Strom i durchflossener Leiter übt auf einen vom Strom eins durchflossenen Leiter von l cm Länge, der parallel im Abstand A cm zu ihm verlegt ist, eine Kraft aus von

$$P = l \cdot \frac{2i}{A} \cdot \frac{10^{-6}}{g} \text{ kg.} \qquad (280)$$

Hierin ist $g = 981$ cm/s die Beschleunigung durch die Schwere.

Die Kraft P variiert mit der Stromwelle. Es ist daher zur Bestimmung der größten Wirkung mit den Amplitudenwerten im Kurzschlußfall zu rechnen und gegebenenfalls die mechanische Resonanz zu berücksichtigen[1]. Phasengleiche Ströme in parallelen Leitungen bewirken eine gegenseitige Anziehung der Leiter. Mit wachsendem Phasenwinkel verringert sich die Anziehung und verwandelt sich in eine Abstoßung, die ihren höchsten Wert bei Phasenopposition erreicht.

IX. Zulässiger Spannungsverlust.

Für die Festsetzung der zulässigen Spannungsänderungen in Drehstromnetzen ist es zunächst wichtig zu wissen, ob es sich um eine Fernübertragungs-, Netzspeise- oder Verbraucherleitung handelt. Wir wenden uns zunächst den Verbraucherleitungen zu.

a) Verbraucherleitungen.

Sie sind im allgemeinen als mehr oder weniger vermaschte Niederspannungsnetze ausgeführt. An diese Netze werden überwiegend 3 Arten von Stromverbrauchern angeschlossen:
1. Glühlampen,
2. Motoren,
3. Thermische Apparate.

---

[1] Biermanns: Überströme in Hochspannungsanlagen. Berlin: Julius Springer.

1. Glühlampen.

Die moderne Metalldrahtlampe ist in bezug auf Spannungshaltung verhältnismäßig empfindlich. Nicht nur die Lichtausbeute und Lichtleistung einer Lampe ändert sich stark mit ihrer Betriebsspannung, sondern auch vor allem ihre Lebensdauer. Wird eine Lampe mit Überspannung betrieben, so wächst dadurch die Stromstärke, der Leuchtdraht wird auf höhere Temperatur gebracht und sendet somit einen größeren Lichtstrom aus. Die Lichtausbeute wird dadurch auch erhöht, jedoch nicht in demselben Verhältnis wie der Lichtstrom, da ja auch gleichzeitig die Leistungsaufnahme wächst. Die Lebensdauer wird, da der Leuchtdraht bei höherer Temperatur schneller verdampft, erheblich herabgesetzt. Umgekehrt werden bei Betrieb der Lampe mit Unterspannung Lichtstrom und Lichtausbeute abnehmen, die Lampe entsprechend der geringeren Temperatur des Leuchtdrahtes erheblich weniger Licht aussenden, die Lebensdauer, da die Verdampfung des Leuchtdrahtes jetzt geringer ist, zunehmen. Die Verhältnisse sind aus folgender Tabelle zu ersehen. Die angegebenen Werte sind nur Näherungswerte. Die Tabelle gilt für Wolframdraht-Lampen von etwa 10 Hlm/W.

Tabelle 18.

Spannung in vH der Normalspannung	Lichtstrom Lumen vH	Lichtausbeute Lumen/Watt vH	Lebensdauer Stunden vH
85	52	68	—
90	67	78	(450)[1]
95	83	89	220
100	100	100	100
105	118	109	55
110	138	118	30
115	158	128	20
120	182	137	10

Aus der Tabelle geht die Abhängigkeit der Lebensdauer von den Spannungsschwankungen hervor. Auch solche Schwankungen, die gleichmäßig nach oben und unten erfolgen, verkürzen stets die Lebensdauer. Die sich ergebenden Verhältnisse sind aus der folgenden Tabelle zu ersehen.

Es ist aus diesen Ausführungen zu ersehen, daß man die Spannung im Interesse einer gleichmäßigen Beleuchtung nicht allzusehr verändern darf. Man kann als Grenze etwa annehmen, daß der Spannungsverlust, vom Speisepunkt gerechnet, etwa 4 vH be-

---

[1] Geschätzter Wert (nach Dr. Köhler, von Osram).

Tabelle 19.

Regelmäßige Schwankung der Betriebsspannung in vH der Nennspannung	Entspricht	
	einer konstanten Überspannung von etwa vH	einer Lebensdauerverkürzung um etwa vH
±0	0	0
±2,5	0,4	2,5
±5,0	1,0	12
±10,0	4,5	41
±15,0	9,0	64

tragen darf. Die Maschinenspannung ist dann derart zu regeln, daß sich im mittleren Netzteil die normale Spannung von 100 vH ergibt. Dies ergibt im normalen Belastungsfalle der Anlage am Speisepunkt des Netzes eine um 2 vH zu hohe und am Ende des Netzes eine um 2 vH zu niedrige Spannung. Die Lichtstärke variiert hierbei nur innerhalb der Grenzen von ± 8 vH. Dieses bedeutet für das menschliche Auge keinen bemerkbaren Unterschied, sofern diese Änderungen nur langsam erfolgen. Wenn jedoch solche Spannungsänderungen plötzlich auftreten, werden die Lichtschwankungen bemerkbar, unter Umständen auch unangenehm bemerkbar. Solche Lichtschwankungen können beispielsweise durch rasches Ein- und Ausschalten von Motoren in angeschlossenen industriellen Betrieben hervorgerufen werden. In diesen Fällen empfiehlt es sich, getrennte Leitungen zu verwenden, da selbst eine reichliche Dimensionierung nichts helfen dürfte. In der großen Mehrzahl der Fälle wird es jedoch genügen, wenn das Verteilungsnetz für ± 2 vH Spannungsunterschied berechnet ist.

2. Motoren.

Drehstromasynchronmotoren sind in bezug auf richtige Spannung nicht so empfindlich. Allerdings fällt das Kippmoment quadratisch mit der Spannung. Bei fallender Spannung wächst bei gleicher Kilowattzahl der Wirkstrom umgekehrt proportional, aber der Blindstrom geht entsprechend der Magnetisierungscharakteristik herunter.

Dies kann unter Umständen Überraschungen ergeben. Setzen wir ein Netz voraus, das bisher mit sehr schlechter Spannung versorgt wurde. Es werde nun durch geeignete Maßnahmen, Einschaltung eines Zusatztransformators oder Änderung der Transformatorenübersetzung, die Spannung weiter erhöht als notwendig. Dann kann der Blindstrom so groß werden, daß die Spannung in weiter abliegenden Teilen des Netzes sogar niedriger als vorher ist.

Nach Untersuchungen, angestellt von Dr. Sommer[1], sind Drehstrommotoren bei vorübergehenden Spannungsabsenkungen nicht sehr empfindlich. Es geht bei einer Spannungsabsenkung die Drehzahl vorübergehend herab und steigt sehr schnell nach Wiedererlangen der vollen Spannung. Ein Niederspannungsnetz soll möglichst starr die Spannung halten. Dies wird erreicht durch Aufstellung, einer großen Zahl von Transformatoren, die direkt an die Hochspannung angeschlossen sind. Vorübergehende Störungen werden sofort ausgemerzt durch Abschalten von Sicherungen oder Ausbrennen, so daß die anderen angeschlossenen Abnehmer nichts merken.

3. Thermische Apparate.

Thermische Apparate sind nicht so empfindlich wie Glühlampen, doch ist auch bei ihnen die beste Wirkungsweise bei Normalspannung zu erzielen. Die Spannungsunterschiede sollten jedenfalls $\pm$ 5 vH nicht übersteigen. Wenn die Spannungsunterschiede größer werden, leiden zwar nicht die Apparate, aber ihre Wirksamkeit würde stark beeinträchtigt werden.

b) Netzspeiseleitungen.

Die das Niederspannungsnetz speisenden Hochspannungsleitungen können schon einen größeren Spannungsverlust zulassen, namentlich wenn es sich um annähernd gleich lange Strecken zwischen Kraft- oder Umspannwerk bis zu den Netztransformatoren handelt. Da zu dem Kabelspannungsabfall der konstante Wert des Abfalls in den Transformatoren hinzukommt, werden die Unterschiede in den einzelnen Speisekabeln stark ausgeglichen. Eine eingehende Behandlung der Spannungshaltung und Spannungsüberwachung gibt Sardemann[2]. Es ist außerdem üblich geworden, um die Unterschiede in den Belastungen der einzelnen Transformatorenstationen auszugleichen, Reaktanzspulen auf der Niederspannungsseite einzufügen.

c) Fernübertragungsleitungen.

Für Höchstspannungs-Übertragungsleitungen gibt es keine bestimmten Regeln. Man wählt die auf Grund von Wirtschaftlichkeitsberechnungen bestimmten Spannungen und Leistungsverluste, wie sie im Abschnitt VI behandelt werden. Man wird auch bei Hoch- und Höchstspannungsanlagen die Spannungsunterschiede in verschiedenen Teilen der Übertragungs-

---

[1] Elektrizitätswirtschaft **1929**, 388.
[2] Ebenda **1930**, H. 205.

anlage nicht zu sehr verschieden wählen. Man strebt sogar im allgemeinen dahin, die Spannung über die ganze Strecke hin konstant zu halten. Es vereinfacht diese Bestimmung die Regulierung, namentlich dann, wenn viel Zwischenentnahmestellen vorhanden sind. Die Anforderungen an die Spannungshaltung sind neuerdings sehr gestiegen. Man kann diesen Wünschen aber ohne weiteres entsprechen durch im Betrieb umschaltbare Spannungsregler, die in immer steigendem Maße Anwendung finden.

X. Berechnung der Spannungs- und Leistungsverluste einer Übertragung.

Nachdem wir nun die für eine Übertragung charakteristischen Größen kennengelernt haben, wollen wir jetzt dazu übergehen, dieselben für die Berechnung von Übertragungsproblemen zu benutzen.

Hierbei wollen wir vom Einfacheren zum Komplizierteren vorschreiten. Wir unterscheiden folgende Fälle:

1. Kürzere Leitungen, bei denen nur ihre Serienimpedanz berücksichtigt wird.
2. Längere Leitungen, bei denen auch die Nebenschlußimpedanzen der Leitung berücksichtigt werden, und zwar in der Weise, daß man diese sich an beiden Enden der Strecke konzentriert wirkend denkt.
3. Sehr lange Strecken, bei denen man das gleichzeitige Vorhandensein von Serien- und Nebenschlußimpedanzen gleichmäßig über die ganze Strecke hin verteilt berücksichtigt.

Wir wollen an Hand einiger Diagramme die Leitungsberechnung entwickeln.

a) Kürzere Leitungen, bei denen nur die Serienimpedanz berücksichtigt wird.

Man zerlegt die Impedanz in 2 Komponenten Resistanz und Induktanz, die in Serie geschaltet sind.

Wir nehmen zunächst (Abb. 32a) für die Übertragung der Einfachheit halber eine Einphasenleitung an und können dann später sinngemäß auf Drehstrom übergehen. Wir denken uns am Ende der Strecke die Spannung U_e konstant gehalten (Abb. 32b): Strecke OA. Der Strom i habe die Phasenverschiebung φ gegenüber der Spannung U_e. Dann ist der Ohmsche Spannungssabfall $e_r = i \cdot r$

Berechnung der Spannungs- und Leistungsverluste einer Übertragung. 107

in Phase mit i als Strecke AB aufzutragen und anschließend der induktive Abfall $e_s = i \cdot s$.

Die Richtung von e_s ergibt sich aus der Überlegung, daß der Abfall e_s vom Strom — i der Rückleitung herrührt und als induktiver Widerstand 90° diesem Strom nacheilen muß (siehe S. 24ff.).

Es überwiegt, wie wir in dem betreffenden Abschnitt V b gezeigt haben, bekanntlich der Einfluß der Spannungsabfall verursachenden Rückleitung über den den Spannungsabfall vermindernden der eigenen Leitung. Die Summe der 3 Vektoren $OA + AB + BC$ ergibt den Vektor OC, der der Größe und Phasenlage nach der der Leitung zuzuführenden Spannung U_a entspricht. Das Dreieck ABC ist das Spannungsabfalldreieck, das in seiner Größe

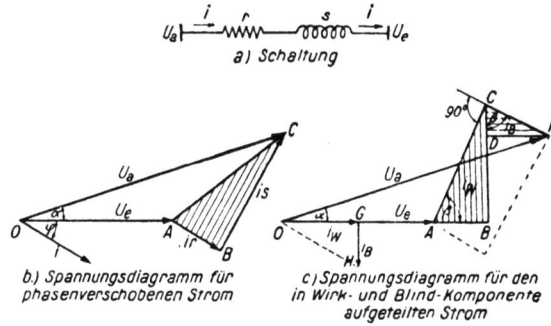

b.) Spannungsdiagramm für phasenverschobenen Strom

c.) Spannungsdiagramm für den in Wirk- und Blind-Komponente aufgeteilten Strom

Abb. 32. Spannungsdiagramm für kurze Leitungen[1].

proportional dem Strom i ist. AB entspricht immer in seiner Richtung der des Stromes. Wenn also der Winkel φ sich ändert, dreht sich das Dreieck entsprechend mit. Um nun eine bessere Untersuchung der Übertragungsverhältnisse zu ermöglichen, zerlegt man den Strom i in 2 Komponenten, eine Wirkstromkomponente $i_w = OG$ und eine Blindstromkomponente $i_B = GH$. Man kann nun für beide Komponenten Abfalldreiecke zeichnen und sie im Diagramm aneinanderreihen (ABC und CDF). (Abb. 32c.)

Es sei hier noch erwähnt, daß wir die Spannungen e_r und e_s als Abfälle, dagegen die Differenz $U_a - U_e$ als Spannungsverlust bezeichnen.

Die Diagramme b und c ergeben beide dasselbe Resultat, was aus einfachen geometrischen Überlegungen folgt. Im ersten

---

[1] Aus Bericht der Höchstspannungstagung in Essen Januar 1926. Berlin: Julius Springer.

108 Berechnung der Spannungs- und Leistungsverluste einer Übertragung.

Moment erscheint Diagramm c etwas komplizierter zu sein. Wir werden aber gleich sehen, daß es für das numerische Rechnen vorteilhafter wird.

Betrachten wir uns nochmals das Diagramm c (Abb. 32). In diesem ist der Vektor $AC =$ Wirkstrom mal Impedanz. Da die Impedanz konstant ist, stellt AC auch bei geeignetem Maßstab den Wirkstrom i_w selbst dar, ferner auch, da das Diagramm auf konstanter Spannung am Ende der Strecke $OE = U_e$ basiert, kann man AC im Diagramm c nach Wirkleistungen in Kilowatt oder Megawatt einteilen. In der gleichen Weise kann man durch CF den Blindstrom messen bzw. auch die Blindlast. — Man merke sich hierbei, daß die Kilowattlinie um den Impedanzwinkel β gegenüber der Spannung $U_e = OA$ im voreilenden Sinne gedreht ist. Die Strecke AF entspricht demnach auch in gleicher Weise der Scheinleistung bzw. dem Leitungsstrom und der Winkel CAF dem Phasenwinkel φ [1].

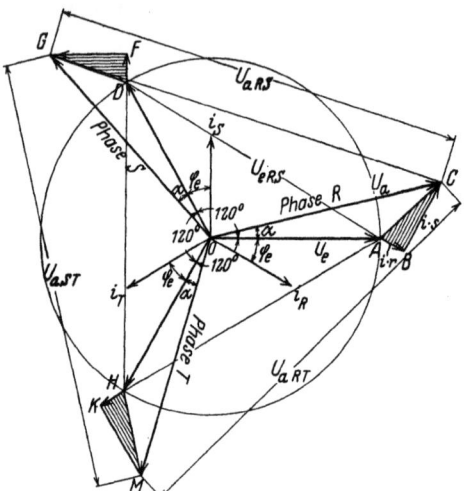

Abb. 33. Spannungsdiagramm einer Drehstrom-Übertragung.

Übergang zum Drehstrom. Wir haben bisher die Berechnung nur für eine Einphasenleitung entwickelt. Wenn wir nun zu Drehstrom übergehen, so erhalten wir das nebenstehende Bild (Abb. 33).

Man sieht, daß sich 3 gleiche Spannungsdiagramme wie beim Einphasenstrom ergeben, welche um 120° gegeneinander verdreht sind. Man kann daraus auch die verketteten Spannungswerte für U_e, U_a und die Spannungsabfälle bestimmen. U_e verkettet ($U_{e_{RS}}, U_{e_{ST}}$ und $U_{e_{TR}}$) entsprechen in Größe und Phase die 3 Vektoren AD, DH und HA, U_a: die 3 Vektoren CG, GM und MC. Wenn man die 3 Spannungsabfalldreiecke in einem Diagramm vereinigt, bekommt man damit die verketteten Spannungs-

---

[1] Görges: ETZ 1900, 188. (Leistungslinien!) Berlin: Julius Springer.

Berechnung der Spannungs- und Leistungsverluste einer Übertragung.

abfälle. Es ist nun üblich in normalen Fällen, wo die Ströme i und Spannungen U_e gleich sind und gleiche Winkel von 120^0 unter sich einschließen, nur eine Phase zu zeichnen und die Spannungswerte mit $\sqrt{3}$ vergrößert, also als verkettete Werte anzugeben. Man darf aber niemals vergessen, daß die Phasenlage der Spannungsvektoren sich immer nur auf die Phasenspannung bezieht. Es werden auch, was hier ausdrücklich hervorgehoben werden soll, sämtliche Widerstandswerte für eine Phase, also für die einfache Länge der Strecke, angegeben.

Es sei des ferneren auch nochmals darauf aufmerksam gemacht, daß die verwendeten Induktanzen schon resultierende Werte sind. Man müßte, wenn man genau vorgehen will, das Abfalldreieck so konstruieren, wie es in Abb. 34 dargestellt ist.

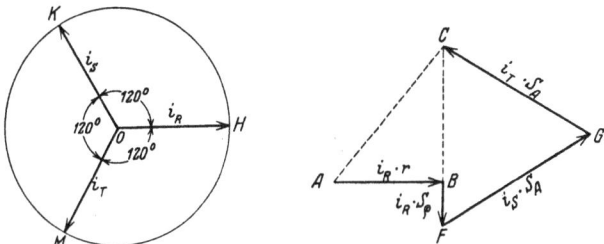

Abb. 34. Spannungsabfälle einer Phase einer Drehstromleitung.

Der ohmsche Spannungsabfall $i_R \cdot r = AB$ liegt in Phase mit dem Strom i_R. Der induktive Spannungsabfall setzt sich entsprechend den 3 Leitern des Drehstromsystems aus 3 Vektoren zusammen

$BF = i_R \cdot S_\varrho$ um 90^0 dem Strom i_R nacheilend,
$FG = i_S \cdot S_A$,, 90^0 ,, ,, i_S ,,
$GC = i_T \cdot S_A$,, 90^0 ,, ,, i_T ,,

Man kann aber den Linienzug $BFGC$ durch die Resultierende BC ersetzt denken:

$$BC = i_R (S_A - S_\varrho),$$

und zwar um 90^0 dem Strom i_R voreilend[1].

Bei allen weiteren Rechnungen ist, wenn nichts besonderes angegeben ist, mit verketteten Spannungen und Abfällen gerechnet worden.

---

[1] Siehe S. 24 u. 25.

110 Berechnung der Spannungs- und Leistungsverluste einer Übertragung.

1. Betriebsdiagramme.

Wir können auf Grund dieser Überlegungen Betriebsdiagramme entwickeln. Zur Verdeutlichung sei folgendes praktisches Betriebsdiagramm gewählt:

$N_e = 1000$ kW, $U_e = 5$ kV, $L = 10$ km, $Q = 25$ mm² Kupfer, Seilradius $\varrho = 0{,}315$ cm, mittlerer Seilabstand $A = 80$ cm.

Abb. 35 stellt das vollständige Betriebsdiagramm dar. Die Berechnung ergibt die Leitungskonstanten $r = 7{,}24$ Ohm, $s = 3{,}63$ Ohm und daraus wieder die Spannungsverluste.

Strecke $AB = e_r = 1450$ Volt,
,, $BC = e_s = 726$,,

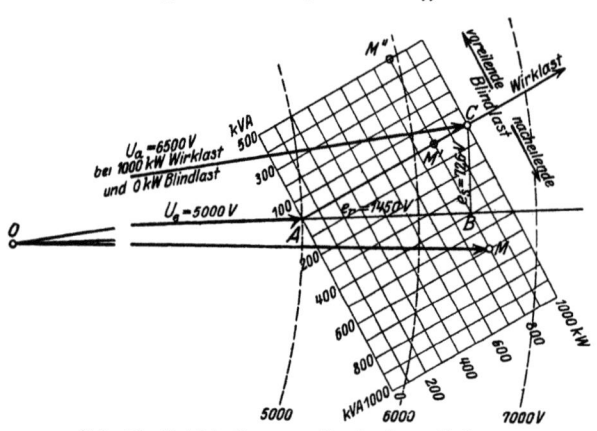

Abb. 35. Betriebsdiagramm für eine kurze Leitung[1].

In dem Diagramm (Abb. 35) bedeutet OA die konstant zu haltende Spannung am Ende der Leitung. ABC ist das Spannungsabfalldreieck für die Wirklast $W = 1000$ kW. Bei einer Wirklast von beispielsweise $W = 800$ kW und einer Blindlast von 600 BkW muß man die Spannung U_a am Anfang der Übertragung: $OM = 6600$ V halten. Man ersieht aus dem Diagramm sofort, daß, wenn die gleiche Leistung mit $\cos \varphi = 1$ übertragen werden soll (Blindlast $= 0$), die Spannung U_a jetzt nur: $OM' = 6200$ V zu sein braucht. Es kann die Lieferung der Blindlast beispielsweise durch einen Phasenschieber am Ende der Leitung bewirkt werden. Wenn man nicht nur die 600 BkW Blindlast kompensiert, sondern eine noch größere voreilende Blindleistung

---

[1] Burger: ETZ 1925, H. 35.

aufwendet, beispielsweise 1100 BkW = Strecke MM'', so könnte die zu haltende Spannung U_a auf $OM'' = 5960$ V verringert werden.

Derartige Diagramme sind natürlich nicht mehr anwendbar, wenn es sich um eine Strecke handelt, von der Abzweigungen gemacht sind und wo beispielsweise auch mehrere Kraftwerke auf die Leitung arbeiten. Dann ist das rechnerische Verfahren vorteilhafter — das man natürlich auch für den oben durch ein Betriebsdiagramm dargestellten Fall verwendet kann. Die Rechnung kann man jedesmal nur für eine Belastung durchführen. Zweckmäßigerweise nimmt man hierfür die maximale und minimale Belastung an, um die Grenzen des Regulierbereiches, zwischen denen die zuzuführende Spannung variiert werden muß, festzustellen.

2. Rechnerisches Verfahren.

Für das rechnerische Verfahren für kurze Leitungen sei hier ein Beispiel gegeben, an Hand dessen die Berechnungsweise klar wird. Man erhält entsprechend Diagramm Abb. 32c 4 Spannungsabfälle:

Längsspannungsabfälle:

$\alpha)\ e_{r_W} = \sqrt{3} \cdot i_w \cdot r = \dfrac{W}{U} r = AB,$

$\beta)\ e_{s_B} = \sqrt{3} \cdot i_B \cdot s = \dfrac{B}{U} s = DF.$

Querspannungsabfälle:

$\gamma)\ e_{s_W} = \sqrt{3} \cdot i_w \cdot s = \dfrac{W}{U} s = BC,$

$\delta)\ e_{r_B} = \sqrt{3} \cdot i_B \cdot r = \dfrac{B}{U} r = CD.$

(281)

Man addiert die Spannungsabfälle α und β, und ebenso subtrahiert man δ von γ. Aus $AB + DF$ und BD berechnet man den Winkel α und tg α und damit aus der Tabelle[1] bzw. aus Formel

$$\varepsilon_\alpha = \left(\dfrac{1}{\cos \alpha} - 1\right) \text{ angenähert} = \tfrac{1}{2} \text{tg}^2 \alpha \qquad (282)$$

den Zuschlag, den man zu $OB + DF$ machen muß, um OF zu bestimmen. Bei kleinem Winkel lohnt es nicht, sich diese Arbeit zu machen. Beispielsweise ersieht man aus der Tabelle, daß für einen Wert des tg $\alpha = 0{,}1$ die Vergrößerung nur $^1/_2$ vH ist. α ist, um es zu wiederholen, der Phasenwinkel zwischen den Spannungen im Kraftwerk und beim Stromabnehmer. Dieses Verfahren setzt man

---

[1] Seite 176.

112 Berechnung der Spannungs- und Leistungsverluste einer Übertragung.

für jede Teilstrecke fort, bis man zum Schluß zum Kraftwerk kommt[1].

Ebenso wie man die Spannungsabfälle addiert, fügt man die Wirk- und Blindbelastungen der Leitung zu den Werten des Verbrauchers hinzu. Es ergeben sich für jede Strecke ebenfalls 4 Werte:

$$\left.\begin{aligned} V_{r_W} &= 3 \cdot i_w^2 \cdot \frac{r}{1000} = \left(\frac{W_e}{U_e}\right)^2 \cdot \frac{r}{1000} \text{ (Stromwärmelast durch Wirkstrom),} \\ V_{s_W} &= 3 \cdot i_w^2 \cdot \frac{s}{1000} = \left(\frac{W_e}{U_e}\right)^2 \cdot \frac{s}{1000} \text{ (Blindlast der Leitung durch Wirkstrom),} \\ V_{r_B} &= 3 \cdot i_B^2 \cdot \frac{r}{1000} = \left(\frac{B_e}{U_e}\right)^2 \cdot \frac{r}{1000} \text{ (Stromwärmelast durch Blindstrom).} \end{aligned}\right\} \quad (283)$$

$$V_{s_B} = 3 \cdot i_B^2 \cdot \frac{s}{1000} = \left(\frac{B_e}{U_e}\right)^2 \cdot \frac{s}{1000} \text{ (Blindlast der Leitung durch Blindstrom).} \quad (284)$$

Es ergibt sich für jede Strecke

$W_e + V_{r_w} + V_{r_B} = W_a$ als zuzuführende Wirkleistung (285)

$B_e + V_{s_W} + V_{s_B} = B_a$ „   „   Blindleistung (286)

Man setzt dieses Verfahren von Teilstrecke zu Teilstrecke fort, indem man die Belastungswerte addiert. Man rechnet desgleichen für jeden Abschnitt mit den Spannungen, wie sie sich für betreffende vorhergehende Teilstrecke aus der Spannungsrechnung ergeben haben.

Das jetzt folgende Beipsiel dürfte wohl ohne weiteres verständlich sein.

Falls man die Transformatorenverluste mit berücksichtigen will, so kann man dies ohne weiteres tun, und diese genau wie ein Stück der Leitung behandeln. Man muß nur das Übersetzungsverhältnis 1:1 annehmen und dann nach Beendigung der Rechnung die sich ergebende Transformatorenspannung mit dem Leerlaufübersetzungsverhältnis derselben multiplizieren.

In unserem Beispiel haben wir nur nacheilende Ströme. Wenn es sich um voreilende Ströme handelt, muß man sinngemäß die Vorzeichen umkehren. Es werden:

Voreilende Blindlasten: negativ und damit der
Längsspannungsabfall: e_{s_B} = negativ
und der Querspannungsabfall: e_{r_B} = positiv.

Im folgenden Abschnitt behandeln wir ein Beispiel, wo diese eben gegebenen Maßregeln zu beachten sind.

---

[1] Siehe Beispiel S. 113.

Berechnung einer einfachen Kraftübertragung mit mehreren Kraftwerken und mehreren Abnehmern.

Es seien folgende Verhältnisse gegeben (Abb. 36):

Es seien 2 Kraftwerke vorhanden, von denen das erstere, „A" eine Leistung von 2400 kW und 1800 BkW dauernd liefern kann, während das zweite Werk „B" den verbleibenden Rest abgeben muß. Es sind 3 Entnahmestellen vorhanden; ihre Belastungen betragen:

Station I: 600 kW und 612 BkW ($\cos \varphi = 0,7$)
„ II: 1000 „ „ 1020 „ dgl.
„ III: 1800 „ „ 1836 „ dgl.

Es ist in III eine Spannung von 15000 Volt zu halten.
Die Entfernungen sind:

Kraftwerk „B" — Station I: 20 km
Station I — Kraftwerk „A": 10 „
Kraftwerk „A" — Station II: 15 „
Station II—III: 20 „

Der Leitungsquerschnitt der Kupferseile der Freileitung beträgt über die ganze Länge nominell 70 mm². Der mittlere, geometrische Phasenabstand beträgt $A = 100$ cm.

Der ohmsche Widerstand eines Kupferseiles von nominell 70 mm² Querschnitt mit einem wirklichen Querschnitt von 66 mm², und unter Berücksichtigung einer mittleren Seiltemperatur von 40° C, beträgt

$$\frac{17,85 + 4 \text{ vH} + 20 \cdot 0,068}{66} = 0,303 \, \Omega \text{ je km.}$$

Der induktive Widerstand beträgt (siehe Formel 41 und Abb. 6 und 7):

$$0,289 + 0,056 = 0,345 \, \Omega \text{ je km.}$$

Die Berechnung der Spannungsabfälle und zusätzlichen Belastungen ergibt sich aus der Tabelle 20.

Es sei noch hervorgehoben, daß Kraftwerkleistungen als negative Werte eingesetzt werden. Wir haben um den Rechnungsgang zu erläutern Zeile 2 und 3:

Spannungsabfälle: $e_{r_W} = \dfrac{1800}{15} \cdot 6,06 = 728$ Volt (Spalte 3)

„ $e_{s_W} = \dfrac{1800}{15} \cdot 6,90 = 828$ „ („ 4)

„ $e_{r_B} = \dfrac{1836}{15} \cdot 6,06 = 745$ „ („ 4)

„ $e_{s_B} = \dfrac{1836}{15} \cdot 6,90 = 845$ „ („ 3)

114 Berechnung der Spannungs- und Leistungsverluste einer Übertragung.

Tabelle 20.

	Strecken, Stationen und Konstanten	Längs-Spannungen U Volt	Quer-Spannungen U_q Volt	tg α	cos φ	Wirk-Leistungen W kW	Blind-Leistungen B BkW	Zeile
1	2	3	4	5	6	7	8	
1.	Station III . .	15000			0,7	1800	1836	1
2.	Strecke II—III 20 km:							
	$r = 6{,}06\,\Omega$.	728	828		W	88	100	2
	$s = 6{,}90\,\Omega$.	845	—745		B	91	103	3
		16573	43	0,254		1979	2039	4
				100				
3.	Station II. . .				0,7	1000	1020	5
						2979	3059	6
4.	Strecke III—A, 15 km:							
	$r = 4{,}55\,\Omega$.	820	933		W	148	168	7
	$s = 5{,}18\,\Omega$.	960	—840		B	155	176	8
		18353	93			3282	3403	9
5.	Kraftwerk „A"			0,508	0,8	—2400	—1800	10
				100		882	1603	11
6.	Strecke A—I, 10 km:							
	$r = 3{,}03\,\Omega$.	146	166		W	1	1	12
	$s = 3{,}45\,\Omega$.	302	—265		B	2	3	13
		18801	— 99			885	1607	14
				0,528				
				100				
7.	Station I . . .				0,7	600	612	15
						1485	2219	16
8.	Strecke I—B, 20 km:							
	$r = 6{,}06\,\Omega$.	478	544		W	38	43	17
	$s = 6{,}90\,\Omega$.	815	—715		B	85	96	18
		20094	—171			1608	2358	19
				0,855				
				100				
9.	Kraftwerk „B"				0,57	—1608	—2358	20

Für Zeile 12 rechnet man mit $W = 882$ kW und $B = 1603$ BkW und $U = 18{,}353$ kV. Die Winkel α sind so klein, daß die entsprechende Vergrößerung von U_a gegenüber der Horizontalkomponente vernachlässigt werden konnte.

Berechnung der Spannungs- und Leistungsverluste einer Übertragung. 115

Wirkverluste: $V_{r_W} = \left(\dfrac{1800}{15}\right)^2 \cdot \dfrac{6{,}06}{1000} = 88$ kW (Spalte 7)

,, $V_{s_W} = \left(\dfrac{1800}{15}\right)^2 \cdot \dfrac{6{,}90}{1000} = 100$,, (,, 8)

Blindlasten: $V_{r_B} = \left(\dfrac{1836}{15}\right)^2 \cdot \dfrac{6{,}06}{1000} = 91$,, (,, 7)

,, $V_{s_B} = \left(\dfrac{1836}{15}\right)^2 \cdot \dfrac{6{,}90}{1000} = 103$,, (,, 8)

Die (Abb. 36) stellt Schaltung und Änderung der Spannungen in den einzelnen Stationen dar.

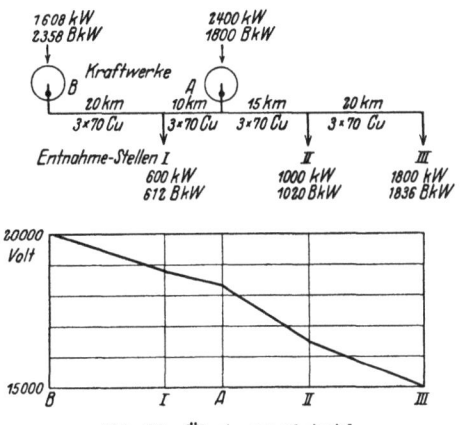

Abb. 36. Übertragungsbeispiel.

Die Spannungsverluste sind so groß, daß man die Übertragungsspannung erhöhen oder die Leitung als Doppelleitung ausführen müßte, um bessere Verhältnisse zu schaffen.

Das im vorhergehenden erläuterte Verfahren genügt für Freileitungsstreckenlängen bis zu 50 km bei mittleren Spannungen.

b) Längere Leitungen, bei denen die Nebenschlußimpedanzen als an den Enden konzentrierte Werte berücksichtigt werden[1].

1. Allgemeines.

Auch bei diesen Leitungen hat man das im vorhergehenden Kapitel behandelte zu verwerten. Es kommen nur noch einige Ergänzungen hinzu, die die Nebenschlußimpedanz der Leitung berücksichtigen. Wir nehmen zunächst einmal eine Leitung mit dem Isolationswiderstand $R_q = \infty$ an, so daß nur die Kondensanz

---

[1] Breitfeld: Berechnung der Wechselstromfernleitungen.

116 Berechnung der Spannungs- und Leistungsverluste einer Übertragung.

der Leitung zu beachten ist, und denken uns die Kapazität je zur Hälfte an jedem Ende konzentriert wirkend. Man erhält damit die Schaltung (Abb. 37 a). Der Verbrauchsstrom $OK = i_e$ erhält auf der Leitung einen Zuwachs durch den voreilenden Strom $ON = i_c$. Beide zusammengesetzt ergeben den Strom am Anfang $OM = i_a$ (Abb. 37 b).

Vom Strom i_c beeinflußt nur die Hälfte den Spannungsverlust. Man erhält das Spannungsabfalldreieck AGH, das

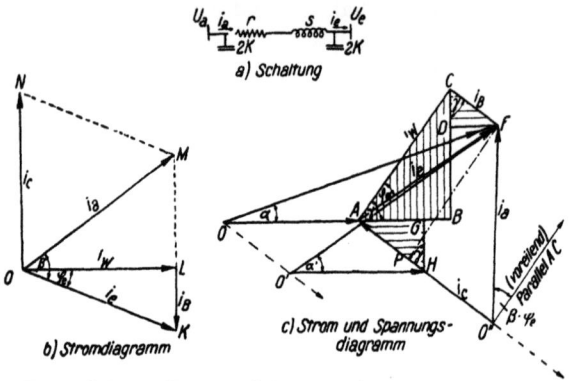

Abb. 37. Ersatzschaltung, Strom- und Spannungsdiagramm für längere Leitungen[1].

sich an die Spannung am Ende der Strecke $U_e = O'H$ anschließt. Es ist (Abb. 37 c)

$$HG = e_{c_r} = \sqrt{3} \cdot \frac{i_c}{2} \cdot r = \frac{U}{2K} \cdot r. \tag{288}$$

$$GA = e_{c_s} = \sqrt{3} \cdot \frac{i_c}{2} \cdot s = \frac{U}{2K} \cdot s. \tag{289}$$

An den Punkt A schließen sich nun wieder die Dreiecke ABC und CDF durch den Verbraucherwirk- und Blindstrom an. Da AC und CF den Wirk- und Blindkilowattzahlen der Belastung entsprechen, ist in gleichem Maßstab: AH proportional der halben Ladelast der Leitung und das Doppelte: AO'' hiervon entspricht der ganzen Ladeleistung am Anfang der Strecke. Während AF den Verbraucherstrom darstellt, ist $O''F$ der Strom am Anfang der Leitung, der mit der Spannung $O'F = U_a$ vom Generator zugeführt werden muß, um am Ende die gewünschte Leistung abgeben zu können.

Der Winkel von FO'' mit der Parallelen zu AC ist die Voreilung des Stromes vor der Endspannung. Die Differenz dieses

---

[1] Bericht der Höchstspannungstagung in Essen Januar 1926. Berlin: Julius Springer.

Winkels mit dem Winkel $\alpha = $ Winkel $FO'H$ ist der Phasenwinkel φ_a am Anfang der Übertragung.

Wenn die Kapazität nicht berücksichtigt worden wäre, so hätte man zur Bestimmung von U_a den Vektor OF, nicht $O'F$ erhalten.

Wenn die Kapazität der Leitung sehr groß ist (K also sehr klein ist), rutscht die Linie OA parallel mit sich immer weiter herunter, der Winkel α wird immer größer. Der Strom i_a nimmt zunächst ab, bis die halbe Ladeleistung der Strecke AP entspricht, und nimmt dann wieder zu (FP senkrecht auf AP.)

Die Ladeleistung der Leitung beträgt

$$N_c = 3 \cdot \left(\frac{U}{\sqrt{3}\,K}\right)^2 = \frac{U^2}{K} \qquad (290)$$

und entsprechend wird die halbe Ladeleistung

$$\frac{N_c}{2} = \frac{U^2}{2K}. \qquad (291)$$

Ebenso wie man den Ladestrom behandelt, kann man auch den Ableitungsstrom berücksichtigen. Infolge des hohen Isolationswiderstandes wird das Abfalldreieck sehr klein. Bei der zeichnerischen Darstellung kann man es aus diesem Grunde ohne weiteres fortlassen. Die Richtung des Dreiecks ist natürlich, da es sich um einen Wirkstrom handelt, entsprechend eingestellt. Man erhält somit ein im Verhältnis vom Ableitungsstrom zum Verbraucherstrom verkleinertes ähnliches Dreieck zu ABC, ein parallel zu diesem gezeichnetes Dreieck. Ähnlich behandelt man auch den Magnetisierungsstrom und Eisenverluststrom. Man denkt sich die Hälfte dieser Ströme je am Anfang und Ende der Ersatzwicklung wirkend und bildet entsprechende Abfalldreiecke.

Das Berechnungsschema ist genau das gleiche wie im vorhergehenden Abschnitt, man hat nur je am Anfang und Ende jeder Teilstrecke die Leitungsbelastungen durch Ableitung, Kapazität, Magnetisierungsstrom und Eisenverluste hinzuzufügen.

Man wird alles am besten aus dem anschließenden Beispiel ersehen.

Es kommen als Belastungen einer Leitungsstrecke am Ende derselben zu der Verbraucherlast noch folgende Lasten hinzu:

	Wirklast	Blindlast	
α) Durch Ableitung durch die Isolation der Leitung (evtl. auch Koronaverluste)	$\dfrac{U_e^2}{2R_q}$		
β) Durch die Kapazität der Leitung		$-\dfrac{U_e^2}{2K}$	(292)
γ) Am Anfang der Strecke fügt man dann die zweiten Hälften, aber mit der Spannung U_a hinzu	$\dfrac{U_a^2}{2R_q}$	$-\dfrac{U_a^2}{2K}$	

118 Berechnung der Spannungs- und Leistungsverluste einer Übertragung.

Bei einem Transformator, den man ebenfalls als Leitungsstrecke aufzufassen hat, hat man folgende Zusatzlasten:

	Wirklast	Blindlast	
An den Sekundärklemmen: α) Durch Eisenverluste	$\dfrac{U_e^2}{2R_{\text{Fe}}}$		
β) Durch Magnetisierungsstrom		$+\dfrac{U_e^2}{2S_M}$	(293)
γ) An den Primärklemmen fügt man dann die zweiten Hälften, mit U_a berechnet, wieder hinzu	$\dfrac{U_a^2}{2R_{\text{Fe}}}$	$+\dfrac{U_a^2}{2S_M}$	

Nachdem man zur Verbraucherlast die Werte α und β hinzugefügt hat, berechnet man Spannungs- und Stromwärmeverluste genau in gleicher Weise wie im vorhergehenden Beispiel. Zum Schluß fügt man dann die Werte γ hinzu und erhält damit die notwendigerweise zuzuführenden Leistungen. Es sei beiläufig erwähnt, daß diese Rechnung für jede Teilstrecke vom Ende der Leitung aus bis zum Anfang durchgeführt werden muß. Für jede Teilstrecke sind in obigen Ausführungen als Verbraucherleistung die Leistungen der vorhergehenden Strecken gemeint.

Es ist naturgemäß auch möglich, vom Kraftwerk ausgehend rückwärts bis zum Verbraucher zu rechnen. Man erhält damit genau das gleiche Resultat. Man muß aber in diesem Falle für alle Größen die Vorzeichen umkehren und dies konsequent durchführen.

2. Berechnung einer 100-kV-Übertragung.

Gestellte Aufgabe. Es ist die Aufgabe gestellt, eine Leistung $W = 60000$ kW über eine Entfernung von $L = 120$ km zu übertragen. Es soll dies durch eine Hochspannungsdoppelleitung mit der Betriebsspannung $U = 100$ kV geschehen. Diese Spannung soll an den Klemmen der Transformatoren der Empfangsstation angenähert vorhanden sein. Die Spannungsabfälle in den Transformatoren an beiden Enden der Strecke sollen berücksichtigt werden. Auf der Niederspannungsseite sei die Spannung in den Empfangsstationen rd. 10 kV., in der Sendestation rd. 10,5 kV. — Der Leistungsfaktor des Verbrauchers sei $\cos\varphi = 0,7$ und kann oder soll bei ihm nicht verbessert werden. Man ist daher gezwungen, damit die Spannungsabfälle zwischen Vollast und Leerlauf nicht allzusehr verschieden werden und um die Übertragungsleitung besser ausnützen zu können, eine eigene Phasenschieberanlage zu errichten (Abb. 38).

Eine ungefähre Vorausberechnung zeigt, daß erst eine Verbesserung auf $\cos\varphi = 1$ erträgliche Verhältnisse in bezug auf Span-

Berechnung der Spannungs- und Leistungsverluste einer Übertragung.

nungs- und Leitungsverluste ergibt. Es liegt dies in vorliegendem Falle an den großen Kurzschlußspannungen der Transformatoren und der für die Leistung und Übertragungslänge niedrigen Betriebsspannung.

Bestimmung der Phasenschieberleistung.

$$N_{Ph} = W \cdot (\operatorname{tg} \varphi_{0,7} - \operatorname{tg} \varphi_{1,0}) = 60\,000 \cdot 1{,}02 \approx 60\,000 \text{ BkW}.$$

Der Kraftbedarf des Phasenschiebers beträgt rd. 5 vH von 60 000 = 3000 kW.

Die für die Übertragung in Frage kommenden Werte der Wirk- und Blindleistungen sind in der folgenden Berechnungstafel aufgeführt. Es ist dabei die Vergrößerung der Wirklast durch den Phasenschieber berücksichtigt worden.

Auswahl der Transformatoren. Es wird angenommen, daß 3 Transformatoren von je 25 000 kVA aufgestellt werden. Ihre Kurzschlußspannung beträgt 10 vH, ihr Kupferverlust 0,8 vH in Kilowatt der normalen kVA-Leistungszahl. Der Magnetisierungsstrom sei 5 vH des normalen Belastungsstromes bei der normalen Betriebsspannung und ändere sich proportional mit dem Quadrate der Spannung. In gleicher Weise ändere sich auch der 0,5 vH betragende Eisenverlust.

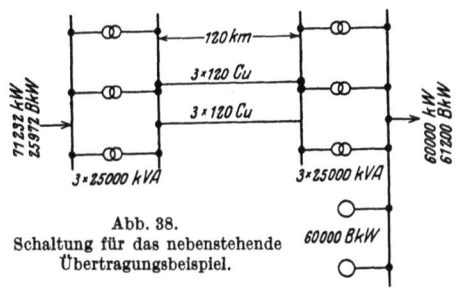

Abb. 38.
Schaltung für das nebenstehende Übertragungsbeispiel.

Das Leerlaufübersetzungsverhältnis der Transformatoren in der Empfangsstation ist 102/10,45 kV, in der Sendestation 10/112 kV.

Wahl des Leitungsquerschnittes. Als wirtschaftlichen Querschnitt wählen wir bei einem Kupferpreis von 2,0 M/kg, einer Verlustdauer von 3000 Stunden und einem Kilowattstundenpreis von 2 Pf/kW (siehe Seite 71 und Formel 210b).

$$y = \frac{80 \cdot \sqrt{2}}{\sqrt{3000 \cdot 2}} = 1{,}46 \text{ Amp./mm}^2.$$

Dies ergibt bei einem Normalstrom von

$$i = \frac{60\,000}{\sqrt{3} \cdot 100 \cdot 1{,}0} = 346 \text{ Amp.}$$

Berechnung der Spannungs- und Leistungsverluste einer Übertragung.

einen Querschnitt von

$$Q = \frac{346}{1{,}46} = \approx 240 \text{ mm}^2.$$

Wir wählen daraufhin eine Doppelleitung von $2 \times 3 \times 120 \text{ mm}^2$ Kupfer. Der mittlere geometrische Seilabstand sei 400 cm.

Tabelle 21.

Nr.	Strecken, Stationen und Konstanten	Längs-Spannungen U Volt	Quer-Spannungen U_B Volt	$\cos \varphi$	$\text{tg } \varphi$	Verluste	Wirk-Leistungen W kW	Blind-Leistungen B BkW	Zeile
	1	2	3	4	5	6	7	8	
1	Entnahme . . .			0,7	1,02		60000	61200	1
	Phasenschieber .			0,05	20,00		3000	60000	2
	Belastung für die						63000	1200	3
	Übertragung . .					$^1/_2$ Tr	173	1730	4
2	Transformatoren	98000					63173	2930	5
	$r_{T_e} = 1{,}11$ . .	717	8950			W	465	5820	6
	$s_{T_e} = 13{,}85$ . .	414	— 33			B	1	14	7
	$2 R_{Fe_e} = 55{,}6$.	99131	8917				63639	8764	8
	$2 S_{M_e} = 5{,}56$.	400	0,09[1]			$^1/_2$ Tr	178	1780	9
		99531					63817	10544	10
						$^1/_2$ L	60	— 3280	11
2	Leitung						63877	7264	12
	$r_L = 9{,}33$ . . .	5980	15920			W	3840	10206	13
	$s_L = 24{,}84$ . .	1810	— 680			B	49	132	14
	$2 W = 166{,}7$ . .	107321	15240				67766	17596	15
	$2 K = 3{,}02$ . .	1040	0,142[1]			$^1/_2$ L	70	— 3900	16
		108361					67836	13696	17
						$^1/_2$ Tr	176	1760	18
3	Transformator .						68012	15456	19
	$r_{Ta} = 1{,}336$ . .	839	10450			W	526	6560	20
	$s_{Ta} = 16{,}65$ . .	2370	— 195			B	27	340	21
	$2 R_{Fe_a} = 67$ . .	109570	10355				68565	22356	22
	$2 S_{M_a} = 6{,}7$ . .	533	0,0946[1]			$^1/_2$ Tr	180	1800	23
		110103		0,944	0,351		68745	24156	24

Leitungskonstanten. a) Transformatoren am Ende.

$$\varepsilon_K = 10 \text{ vH}, \quad \varepsilon_r = 0{,}8 \text{ vH}, \quad \varepsilon_s = \sqrt{10^2 - 0{,}8^2} = 9{,}97 \text{ vH}.$$

$$r_{T_e} = \frac{10 \cdot 0{,}8 \cdot 102^2}{75000} = 1{,}11 \text{ Ohm},$$

---

[1] Diese Werte sind die tg α der betreffenden Teilstrecke.

Berechnung der Spannungs- und Leistungsverluste einer Übertragung.

$$s_{T_e} = \frac{10 \cdot 9{,}97 \cdot 102^2}{75000} = 13{,}85 \text{ Ohm},$$

$$R_{Fe_e} = \frac{102^2}{375} = 27{,}8 \text{ Kiloohm},$$

$$S_{M_e} = \frac{102^2}{3750} = 2{,}87 \text{ Kiloohm},$$

b) Leitung.

$$r_L = \frac{18{,}2}{2 \cdot 117} \, 120 = 9{,}33 \text{ Ohm},$$

$$s_L = [0{,}376 - (-0{,}038)] \frac{120}{2} = 24{,}84 \text{ Ohm},$$

$$R_n = \frac{20\,000}{240} = 83{,}3 \text{ Kiloohm (entsprechend 20 Megohm/km)},$$

$$K = \frac{343 - (-20)}{240} = 1{,}51 \text{ Kiloohm}.$$

(Siehe Kurven, Abb. 6 und Abb. 7.)

c) Transformatoren am Anfang:

$$r_{T_a} = \frac{10 \cdot 0{,}8 \cdot 112^2}{75000} = 1{,}336 \text{ Ohm},$$

$$s_{T_a} = \frac{10 \cdot 9{,}97 \cdot 112^2}{75000} = 16{,}65 \text{ Ohm},$$

$$R_{Fe_a} = \frac{112^2}{375} = 33{,}5 \text{ Kiloohm},$$

$$S_{M_a} = \frac{112^2}{3750} = 3{,}35 \text{ Kiloohm}.$$

Die Berechnung ist in Tabelle 21 übersichtlich zusammengestellt.

Die Spannung beträgt:

1. In der Empfangsstation: Niederspannungsseitig $\frac{98}{102} 10{,}45 =$ 10 kV

   Hochspannungsseitig . . . . . . 99,53 kV

2. In der Sendestation: Hochspannungsseitig . . . . . . 108,36 kV

   Niederspannungsseitig $\frac{110{,}10}{112} \cdot 10 =$ 9,85 kV

Spannungsverlust . . . . $\varepsilon_v = \frac{10\,103}{98} \cdot 100 =$ 10,3 vH

Leistungsverlust . . . . $\varepsilon_w = \frac{8745}{60\,000} \cdot 100 =$ 14,6 vH

oder ohne die Phasenschieberverluste einzuschließen . . . . $\frac{5745}{63\,000} \cdot 100 =$ 9,1 vH

122 Berechnung der Spannungs- und Leistungsverluste einer Übertragung.

Um auch dem Auge die berechneten Werte übersichtlich vorzuführen, ist das Diagramm Abb. 39 gezeichnet. Man sieht, welch großen Einfluß die Spannungsabfälle in den Transformatoren auf den gesamten Spannungsverlust der Übertragung haben.

3. Beispiel eines Betriebsdiagrammes ohne und mit Berücksichtigung der Transformatoren an den Enden der Leitung.

Bei der Darstellung eines Betriebsdiagrammes vereinigt man nicht die Spannungsabfälle durch die Belastung des Verbrauchers mit denen durch Wirk- und Blindbelastungen der Leitung selbst, wie es bei der rechnerischen Methode geschieht, sondern bestimmt die Spannungsabfälle getrennt und erhält damit eine gute Übersicht über Belastungsfälle aller Größen.

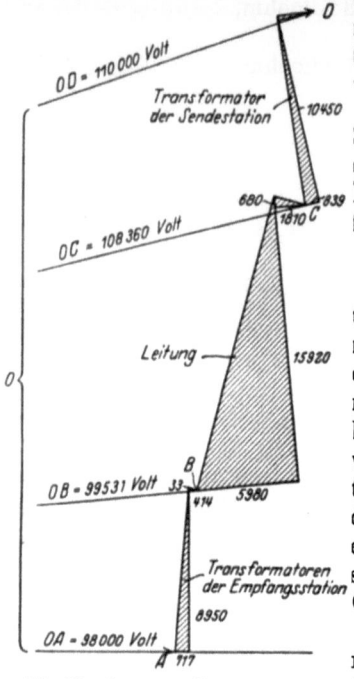

Abb. 39. Spannungsdiagramm zum Übertragungsbeispiel S. 118 und Tabelle 21.

Für den Spannungsverlust hat man im Diagramm ein Abfalldreieck für den halben Ladestrom zu dem Abfalldreieck durch den Betriebsstrom geometrisch zu addieren. Man nimmt für die Bestimmung des Ladestromes an, daß die Spannung einen konstanten Wert hat. Das Kapazitäts-Spannungsabfalldreieck ist in den angegebenen Grenzen des Anwendungsgebietes gegenüber dem Belastungsdreieck so klein, daß das Resultat genügend genau wird, wenn man den Ladestrom mit der Endspannung bestimmt und nicht Rücksicht nimmt auf die in der Leitung mit der Zunahme der Spannung wachsende Ladestromstärke. Da der Belastungsstrom am Anfang der Strecke sich um den hinzugekommenen Ladestrom ändert, muß man das Diagramm so gestalten, daß man auch aus demselben die Stromwerte entnehmen kann. Der Einfluß der Ableitung könnte, wenn er in nennenswertem Umfange vorhanden ist, ebenfalls durch ein weiteres Abfalldreieck berücksichtigt werden. Es wäre dabei anzunehmen, daß der Ab-

Berechnung der Spannungs- und Leistungsverluste einer Übertragung. 123

leitungsverlust je zur Hälfte an den beiden Enden der Leitung stattfindet. Da die Verluste jedoch gering zu sein pflegen, ist eine zeichnerische Berücksichtigung nicht gut möglich.

Gestellte Aufgabe: Wir nehmen an, daß eine Übertragung von 30000 kW mit 110 kV Betriebsspannung vorliegt. Die Streckenlänge beträgt 200 km, der Querschnitt der Kupferseile 3×95 mm². Der mittlere geometrische Phasenabstand sei $A = 400$ cm, die Ableitung sei gleich Null gesetzt.

Es ergeben sich für das Beispiel folgende Leitungskonstanten. Resistanz: $r = 37{,}7\, \Omega$, Induktanz: $s = 84{,}2\, \Omega$, Kondensanz: $k = 1{,}85\, \mathrm{k}\Omega$, Ableitung: $R_n = 0$. Das Diagramm ist in Abb. 40 dargestellt.

Der Ohmsche Spannungsabfall durch den normalen Belastungsstrom beträgt $e_r = 10{,}28$ kV (Strecke CD, Abb. 40), der induktive $e_s = 23$ kV (DE). Die gleichen Werte für den Ladestrom sind: $e_{cr} = 1{,}12$ kV (AB), $e_{cs} = 2{,}5$ kV (BC). Die Bildung des Diagrammes entspricht sinngemäß den früheren (Abb. 35). Nimmt man beispielsweise an, daß die Belastung 20000 kW Wirklast und 10000 BkW nacheilende Blindlast beträgt (entsprechend Punkt M des Diagrammes), so muß man am Anfang der Strecke die Spannung $OM: U_a = 122{,}6$ kV zuführen. Zwischen Endspannung U_e und Anfangsspannung U_a besteht ein Phasenwinkel von rd. 6°.

Die Scheinleistung und der Belastungsstrom sind durch die Strecke CM dargestellt. Man ersieht, daß $N_{s_E} = $ rd. 22400 kVA und aus den Skalen unter dem Diagramm, daß $i_e = 118$ A sind. Man trägt nun von C aus die Ladeleistung $N_c = \dfrac{110^2}{1{,}85} = 6550$ BkW auf $=$ Strecke CF. Dann ist der Strom am Anfang dargestellt durch die Strecke $FM: i_a = 107$ A. Für die Wirk- und Blindverluste der Leitung rechnet man mit einem mittleren Strom, d. h. Verbraucherstrom plus halbem Ladestrom. Der halbe Ladestrom entspricht der Strecke CA. Es ist dann AM der mittlere sog. Leitungsstrom $i_L = 111$ A. Damit man ohne weitere Rechnung die in der Leitung auftretenden Wirk- und Blindverluste bestimmen kann, sind unter dem Diagramm entsprechende Skalen angegeben. Aus der Skala der Wirkverluste ersieht man, daß die Strecke AM einem Verlust von 1400 kW entspricht, und aus der Skala der Blindverluste, daß dieser $= 3100$ kVA ist. Die zuzuführende Leistung am Anfang ist demnach $N_A = 21400$ kW und die Blindleistung $B_A = 10000 + 3100 - 6550 = 6550$ BkW. Man könnte auch um den Punkt A Kreise in nach Verlusten abgestuften Größen ziehen. Es ergeben sich jedoch zuviel Linien im Diagramm und seine Übersichtlichkeit würde leiden.

124 Berechnung der Spannungs- und Leistungsverluste einer Übertragung.

Es ist zu beachten, daß die Strecke FM nur für die Bestimmung des Stromes, nicht für die Leistung am Anfang, dient im Gegensatz zu den Werten am Ende der Strecke. Die angegebenen Leistungen gelten nur für die Endspannung und deren Phasenlage.

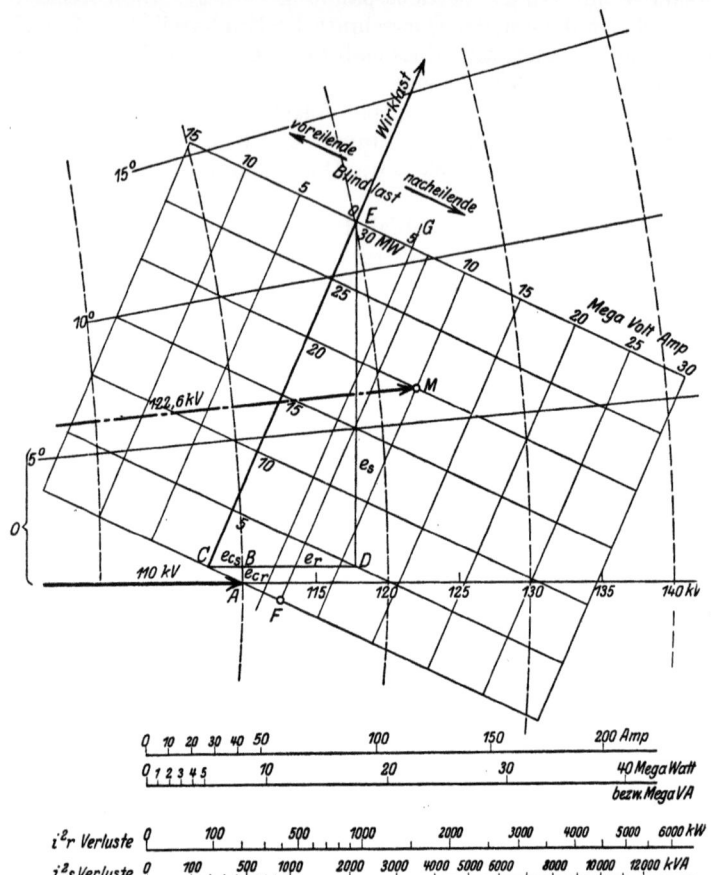

Abb. 40. Betriebsdiagramm mit an den Enden konzentrierter Kapazität[1].

Hat man am Anfang und Ende der Strecke die Transformatoren bei der Übertragung zu berücksichtigen, so müssen ihre Widerstandswerte bei der Berechnung zur Aufstellung des Betriebsdiagrammes hinzugefügt werden.

---

[1] Aus Burger: ETZ **1925**, H. 35.

Berechnung der Spannungs- und Leistungsverluste einer Übertragung. 125

Als Beispiel diene das gleiche oben behandelte, und man nehme an, daß an jedem Ende je 2 Transformatoren von 20000 kVA Leistung vorhanden seien. Ihre Kurzschlußspannung sei 9 vH, der ohmsche Spannungsverlust 1 vH. Bezüglich des Magnetisierungs-

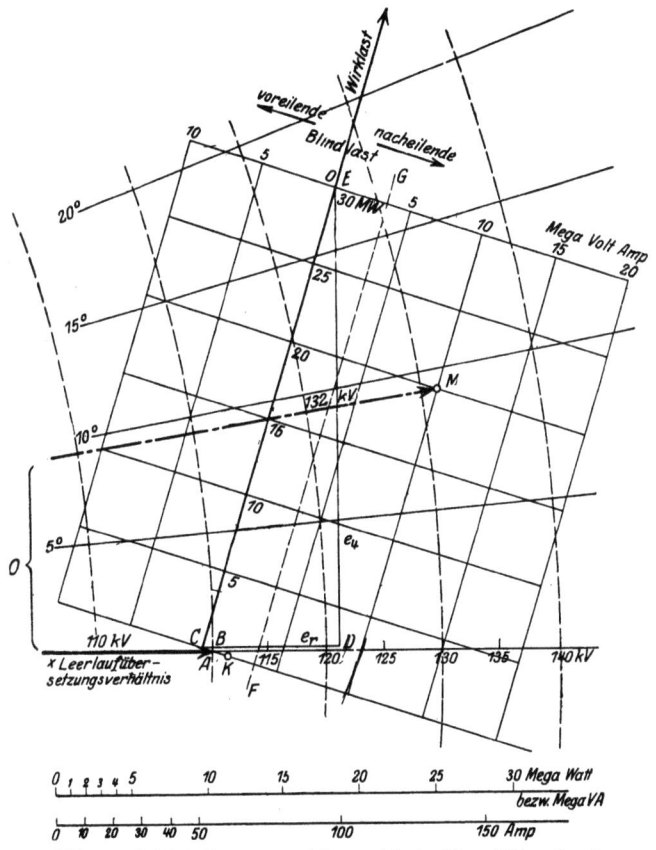

Abb. 41. Betriebsdiagramm mit konzentrierter Kapazität und unter Berücksichtigung der Transformatoren[1].

stromes sei angenommen, daß er rd. 4 vH des Normalstromes betrage. Die Eisenverluste betragen unter $1/2$ vH der Transformatorenleistung und sollen daher vernachlässigt werden. Die Transformatoren seien mit dem Übersetzungsverhältnis 1:1 und durch mit einem gewissen ohmschen Widerstand behaftete Induktions-

---

[1] Aus Burger: ETZ 1925, H. 35.

126 Berechnung der Spannungs- und Leistungsverluste einer Übertragung.

spulen ersetzt gedacht, an deren Anfang und Ende je der halbe Magnetisierungsstrom wirkt. Die Magnetisierungsströme werden ebenso wie die Ladeströme als dem Verbraucherstrom übergelagerte Ströme behandelt und für sie getrennt vom Verbraucherstrom ein besonderes Spannungsabfalldreieck gebildet. Der durch den Magnetisierungsstrom verursachte Spannungsabfall ist im allgemeinen nur geringfügig[1]. Das Diagramm (Abb. 41) gibt ein Bild der Übertragungsverhältnisse. In ihm stellt die Strecke CD den ohmschen Spannungsverlust durch Wirkstrom $e_r = 11{,}9$ kV dar. Es ist der induktive Spannungsabfall $e_s = 37{,}7$ kV (DE), das kombinierte Spannungsabfalldreieck für Ladeströme und Magnetisierungsströme ABC. Dasselbe ist sehr klein geworden, da ja Magnetisierungsströme und Ladeströme sich gegenseitig teilweise kompensieren. Die Ladeleistung minus Magnetisierungsleistung beträgt 3450 BkW (CF). Bei einer Belastung von 20 000 kW und 10 000 BkW nacheilender Blindlast (M) muß am Anfang der Strecke eine Spannung $OM: U_a = 132$ kV, multipliziert mit dem Leerlaufübersetzungsverhältnis der im Kraftwerk befindlichen Transformatoren, gehalten werden. Es sei beispielsweise dies Verhältnis 6,3/110 kV, dann muß die Maschinenspannung 7570 V sein. Am anderen Ende sei das Leerlaufsübersetzungsverhältnis 110/20. 20 kV ist also die konstant zu haltende Spannung, für die das Diagramm entwickelt ist. Bei Leerlauf ist bei dieser Spannung am Ende im Kraftwerk die Spannung $OC: U_a' = \dfrac{6{,}3 \cdot 109\,000}{110} = 6250$ V zu halten. Man kann dementsprechend die Spannungsskala nun so wählen, daß man ohne weiteres sofort die Maschinenspannung im Diagramm ablesen kann.

c) Parallele Leitungen.

1. Allgemeines.

Wenn eine Drehstromübertragung aus mehreren parallelen Leitungen besteht, so verteilt sich der Strom auf die einzelnen Stromwege in einem ganz bestimmten Verhältnis. Wie man am besten die Bestimmung des Spannungsverlustes und der Belastungsverteilung der Parallelleitung vornimmt, soll in den folgenden Zeilen gezeigt werden[2].

Wir nehmen an, daß 2 Sammelschienen durch eine Anzahl p-Parallelleitungen verbunden sind. Für jede dieser Leitungen sind

---

[1] Eingehend behandelt von Rosseck: Elektro-Journal 1927, H. 3/4, 33.
[2] Siehe auch ETZ 1925, H. 35 und Siemens-Zeitschrift 1925, Oktober.
— Ferner Jonnart: Pub. Assoc. Ing. de Mons 1927, Februar.

Berechnung der Spannungs- und Leistungsverluste einer Übertragung. 127

ihre Konstanten r und s, der ohmsche bzw. der induktive Widerstand bekannt. Die Wirkungen der Kapazität und Ableitungen seien vernachlässigt (Abb. 42).

Mit den angegebenen Werten bestimme man zunächst die Impedanzen. Es ist beispielsweise für die Leitung x:

$$Z_x \lfloor \gamma = r_x \lfloor 0° + s_x \lfloor 90°. \quad (294)$$

Der Impedanzwinkel ergibt sich aus:

$$\operatorname{tg} \gamma_x = \frac{s_x}{r_x}. \quad (295)$$

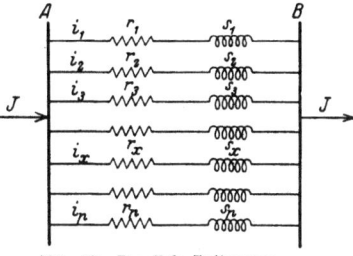

Abb. 42. Parallele Leitungen.

Ebenso berechne man die Werte für sämtliche p Leitungen. Die resultierende Impedanz, also ein Widerstandswert, der allen parallel geschalteten Impedanzen gleichwertig ist, muß nun errechnet werden. Nach dem Kirchhoffschen Gesetz ist beispielsweise im Punkte B der Abb. 42 der abfließende Gesamtstrom I gleich der Summe der zufließenden Teilströme, d. h.:

$$I \lfloor \varphi = i_1 \lfloor \varphi_1 + i_2 \lfloor \varphi_2 + i_3 \lfloor \varphi_3 + \cdots + i_p \lfloor \varphi_p. \quad (296)$$

Zwischen Anfang und Ende der Parallelstrecke besteht eine Spannungsdifferenz e. Die einzelnen Teilleitungen haben den gleichen Spannungsverlust:

$$\left. \begin{array}{l} e \lfloor \alpha = \sqrt{3} \cdot i_1 \lfloor \varphi_1 \cdot Z_1 \cdot \lfloor \gamma_1 = \sqrt{3} \cdot i_2 \lfloor \varphi_2 \cdot Z_2 \lfloor \gamma_2 = \cdots \\ = \sqrt{3}\, i_p \lfloor \varphi_p \cdot Z_p \lfloor \gamma_p, \end{array} \right\} \quad (297)$$

und ebenso ergibt sich für die resultierende ideelle Leitung, daß

$$e \lfloor \alpha = \sqrt{3} \cdot I \lfloor \varphi \cdot Z \lfloor \gamma \quad (298)$$

sein muß.

Daraus folgt, daß

$$i_1 \lfloor \varphi_1 = \frac{e \lfloor \alpha}{\sqrt{3} \cdot Z_1 \lfloor \gamma_1}, \quad i_2 \lfloor \varphi_2 = \frac{e \lfloor \alpha}{\sqrt{3} \cdot Z_2 \lfloor \gamma_2} \quad \text{und} \quad I \lfloor \varphi = \frac{e \lfloor \alpha}{\sqrt{3} \cdot Z \cdot \lfloor \gamma} \quad (299)$$

ist, und durch Einsetzen in Gleichung (296) und Multiplikation der Gleichung mit $\dfrac{\sqrt{3}}{e \lfloor \alpha}$, daß

$$\frac{1}{Z \lfloor \gamma} = \frac{1}{Z_1 \lfloor \gamma_1} + \frac{1}{Z_2 \lfloor \gamma_2} + \frac{1}{Z_3 \lfloor \gamma_3} + \cdots + \frac{1}{Z_p \lfloor \gamma_p} \quad (300)$$

ist.

Wir können die Gleichung mit (-1) multiplizieren und erhalten, da $(-1)\dfrac{1}{\chi\lfloor\xi}=-\dfrac{1}{\chi}\lfloor-\xi=\dfrac{1}{\chi}\lfloor\xi$ ist,

$$\frac{1}{Z}\lfloor\gamma=\frac{1}{Z_1}\lfloor\gamma_1+\frac{1}{Z_2}\lfloor\gamma_2+\frac{1}{Z_3}\lfloor\gamma_3+\cdots+\frac{1}{Z_p}\lfloor\gamma_p. \tag{301}$$

Dies ist die resultierende Admittanz.

Wenn man nun die Wirk- und Blindleitwerte erhalten will, muß man die Projektionen der Admittanz auf die Wirk- und Blindachsen durch Multiplikation mit dem Kosinus bzw. dem Sinus des betreffenden Impedanzwinkels bilden.

Man addiert nun die in gleiche Richtung fallenden Komponenten und bildet daraus die resultierenden Werte.

Aus dem Wirkleitwert (Konduktanz)

$$\frac{\cos\gamma}{Z}=\sum\frac{\cos\gamma_x}{z_x}=\sum\frac{r_x}{z_x^2}=a \tag{302}$$

und dem Blindleitwert (Suszeptanz):

$$\frac{\sin\gamma}{Z}=\sum\frac{\sin\gamma_x}{z_x}=\sum\frac{s_x}{z_x^2}=b \tag{303}$$

erhält man die resultierende Impedanz:

$$Z=\sqrt{\frac{1}{a^2+b^2}}\lfloor\gamma \text{ in Ohm}, \tag{304}$$

ferner die resultierende Resistanz:

$$R=a\cdot Z^2=\cos\gamma\cdot Z \text{ Ohm} \tag{305}$$

und die resultierende Induktanz:

$$S=b\cdot Z^2=\sin\gamma\cdot Z \text{ Ohm}. \tag{306}$$

Der resultierende Impedanzwinkel γ ergibt sich aus:

$$\operatorname{tg}\gamma=\frac{S}{R}=\frac{b}{a}. \tag{307}$$

Dieser Winkel ist ein Voreilungswinkel und daher negativ einzusetzen.

Diese Bestimmungsweise ist für das numerische Rechnen vorteilhaft, während die vorher gegebene sich besser für die zeichnerische Ermittelung eignet.

Nun muß man zur Bestimmung der Ströme bzw. der Scheinleistungen, die durch jede der einzelnen Leitungen fließen, folgende Rechnung anstellen:

$$i_x=\frac{I\cdot Z}{Z_x}\lfloor\varphi-\gamma+\gamma_x \text{ Amp.} \tag{308}$$

Berechnung der Spannungs- und Leistungsverluste einer Übertragung.

oder auch, wenn die linke und rechte Seite der Gleichung mit $\sqrt{3} \cdot U$ multipliziert werden:

$$N_{s_x} = \frac{N_s \cdot Z}{z_x} \text{ kVA}.$$

Ebenso sind alle Werte für die p Leitungen zu bestimmen. Es bedeuten: I den Gesamtstrom, N_s die gesamte zu übertragende Scheinleistung, i_x und N_{s_x} die entsprechenden Werte der Leitung x. Von Wichtigkeit ist es, die Phasenwinkel jedes einzelnen dieser Ströme festzustellen, und zwar die Phasenwinkel gegenüber der Endspannung. Es sei $\cos \varphi$ der Leitungsfaktor der zu übertragenden Leistung am Ende der parallelen Leitungsstrecke, dann ist

$$\alpha = \gamma - \varphi \tag{309}$$

der Phasenwinkel zwischen der Richtung der Endspannung und der Richtung des Gesamtspannungsabfalles. Nachdem man nun den Winkel α ermittelt hat, kann man, wie aus obiger Formel hervorgeht, die Phasenwinkel der Teilströme ohne weiteres bestimmen. Für den Leiter x ist er beispielsweise:

$$\varphi_x = \varphi - \gamma + \gamma_x. \tag{310}$$

Mit der Betriebsspannung U kV und den Teilströmen $i_1 \, i_2 \ldots i_x \ldots i_p$ Amp. und $\cos \varphi_1, \cos \varphi_2 \ldots \cos \varphi_x \ldots \cos \varphi_p$ ergeben sich die Teilleistungen, beispielsweise für den Leiter x:

$$W_x = \sqrt{3} \cdot i_x \cdot U \cdot \cos \varphi_x \text{ usw.} \tag{311}$$

Mit den Werten: $I =$ Gesamtstrom, W Wirkleistung, N_s Scheinleistung und den Widerstandswerten R, S und Z erhält man den Gesamtspannungsabfall:

$$e = \sqrt{3} \cdot I \cdot Z = \frac{N_s}{U} \cdot Z \text{ Volt}, \tag{312}$$

den ohmschen Spannungsabfall:

$$e_r = \sqrt{3} \cdot I \cdot R = \frac{N_s}{U} \cdot R \text{ Volt} \tag{313}$$

nnd den induktiven Abfall:

$$e_s = \sqrt{3} \cdot I \cdot S = \frac{N_s}{U} \cdot S \text{ Volt}. \tag{314}$$

Angenähert ist dann der Spannungsverlust in Richtung der Endspannung:

$$\varepsilon_v = \frac{W}{10 \cdot U^2} (R + S \cdot \text{tg}) \text{ in vH}. \tag{315}$$

130 Berechnung der Spannungs- und Leistungsverluste einer Übertragung.

2. Beispiel der rechnerischen Methode.

Am besten ersieht man die Rechnungsweise aus einem Beispiel. Es seien folgende Daten gegeben:

Es sind zu übertragen $W = 2000$ kW Drehstrom, Frequenz 50 Hz bei einem Leistungsfaktor $\cos \varphi = 0,8$ ($\varphi = 36^0 52'$) mit der Betriebsspannung 10 kV durch 2 parallele Leitungen, und zwar:

a) Eine Freileitung mit einer Streckenlänge von 10 km, einem Querschnitt von 3×70 mm² Kupfer und einem gegenseitigen Abstand der 3 Leitungen von 150 cm.

Daraus errechnet sich:

$$r_F = \frac{18,2}{66} \cdot 10 = 2,76 \text{ Ohm},$$

$$s_F = 0,1447 \cdot \lg \frac{150}{0,78 \cdot \varrho} = 3,71 \text{ Ohm}$$

und aus diesen Werten wieder die Impedanz:

$$z_F = 4,63 \text{ Ohm}$$

und der Impedanzwinkel:

$$\varphi_F = 54^0 30' \quad \text{aus} \quad \text{tg}\,\varphi_F = 1,40.$$

b) Eine Kabelleitung mit einer Streckenlänge von 6 km, einem Querschnitt von 3×50 mm² Kupfer, einer Induktivität je Phase $l = 2,2 \cdot 10^{-4}$ Henry/km.

Es ergibt sich:

$$r_K = \frac{18,2}{50} \cdot 6 = 2,19 \text{ Ohm},$$

$$s_K = \frac{314 \cdot 2,2}{10\,000} \cdot 6 = 0,415 \text{ Ohm}$$

und daraus wieder die Impedanz:

$$z_K = 2,23 \text{ Ohm}$$

und der Impedanzwinkel:

$$\varphi_K = 10^0 44' \quad \text{aus} \quad \text{tg}\,\varphi_K = 0,1895.$$

Mit all diesen Werten bestimmt man jetzt an Hand der oben angegebenen Formeln die resultierenden Werte:

1. Impedanz: $Z = 1,60$ Ohm,
2. Resistanz: $R = 1,455$,,
3. Induktanz: $S = 0,67$,,

Der Impedanzwinkel beträgt:

$$\gamma = 24^0 43' \quad \text{aus} \quad \text{tg}\,\gamma = 0,461.$$

Berechnung der Spannungs- und Leistungsverluste einer Übertragung.

Der Phasenwinkel zwischen Endspannung und Richtung des Gesamtspannungsverlustes beträgt:

$$\alpha = \gamma - \varphi = 24^0 43' - 36^0 48' = -12^0 5'.$$

1. Der Gesamtstrom beträgt:

$$I = \frac{W}{\sqrt{3} \cdot E \cos \varphi} = 144{,}5 \text{ Amp.}$$

Dieser Strom ist die geometrische Summe aus den Teilströmen:
a) In der Freileitung

$$i_F = \frac{I \cdot Z}{z_F} = \frac{144{,}5 \cdot 1{,}60}{4{,}56} = 50{,}7 \text{ Amp.}$$

b) In der Kabelleitung

$$i_K = \frac{I \cdot Z}{z_K} = \frac{144{,}5 \cdot 160}{2{,}23} = 103{,}5 \text{ Amp.}$$

Der Phasenwinkel für die Freileitung beträgt

$$\varphi_F = 66^0 35', \quad \text{daraus} \quad \cos \varphi_F = 0{,}397,$$

für die Kabelleitung

$$\varphi_K = 22^0 49', \quad \text{daraus} \quad \cos \varphi_K = 0{,}922.$$

Die Freileitung überträgt demnach:

$$W_F = \sqrt{3} \cdot 50{,}7 \cdot 10 \cdot 0{,}397 = 350 \text{ kW},$$

die Kabelleitung

$$W_K = \sqrt{3} \cdot 103{,}5 \cdot 10 \cdot 0{,}922 = 1650 \text{ ,,}$$

zusammen: $W_F + W_K = W = 2000$ kW.

Dies ist die laut gestellter Aufgabe zu übertragende Leistung. Man ersieht aus dem Ergebnis, daß die Freileitung nur sehr wenig Leistung überträgt, was man nicht ohne weiteres voraussehen konnte. Trotzdem ist der in der Freileitung fließende Strom ziemlich groß. Dies rührt daher, daß er eine sehr große Blindstromkomponente hat. Auch der durch die Kabelleitung fließende Strom ist größer als man vielleicht angenommen hätte, und es ist möglich, wenn die Verhältnisse ungünstig liegen, daß die Kabelleitung überlastet wird. In diesem Falle ist es unter Umständen notwendig, eine Reaktanzspule oder eine Zusatzspannung in die Kabelleitung einzuschalten. Die beiden Teilströme der parallelen Leitungen setzen sich geometrisch zusammen. Wenn beide recht verschiedene Phasenwinkel haben, sind daher auch die Stromwärmeverluste wesentlich größer als wenn die Leitungsströme gleiche Phasenverschiebung hätten.

132 Berechnung der Spannungs- und Leistungsverluste einer Übertragung.

3. Betriebsdiagramme für parallele Leitungen.

Man kann für den Parallelbetrieb zweier oder mehrerer Strecken leicht ein verhältnismäßig übersichtliches Diagramm bilden. An einem Beispiel sei dies erläutert. Es handelt sich um eine Übertragung von 10000 kW mit 30 kV Betriebsspannung durch zwei parallele Leitungen, und zwar:

1. Eine Freileitung von 20 km Länge und 3×50 mm^2 Querschnitt. Der mittlere gegenseitige Seilabstand sei 200 cm.
2. Eine Kabelleitung von 10 km Länge und 3×70 mm^2 Querschnitt.

Die Induktivität des Kabels sei $l = 0{,}22$ mH/km für eine Phase. Beide Leitungen bestehen aus Kupfer.

Die Leitungskonstanten ergeben sich wie folgt für die Freileitung:

$$r_1 = 7{,}30\,\Omega; \quad s_1 = 8{,}0\,\Omega; \quad z_1 = 10{,}8\,\Omega; \quad \gamma_1 = 47^0\,36';$$

für die Kabelleitung:

$$r_2 = 2{,}66\,\Omega; \quad s_2 = 0{,}69\,\Omega; \quad z_2 = 2{,}74\,\Omega; \quad \gamma_2 = 14^0\,33'$$

und daraus die nach den oben angegebenen Formeln berechneten resultierenden Werte:

$$R = 2{,}10\,\Omega; \quad S = 0{,}81\,\Omega; \quad Z = 2{,}25\,\Omega; \quad \gamma = 21^0\,5'.$$

Es werden nun in genau gleicher Weise wie vorher der Ohmsche und induktive Spannungsabfall für die den beiden Einzelleitungen entsprechende resultierende Leitung aufgetragen (s. Diagramm Abb. 43). Es wird zunächst die Einteilung für die Gesamtleistung auf der der resultierenden Impedanz entsprechenden Richtungslinie AL gemacht und die Einteilung des Viereckes $AEDCFG$ ausgeführt. Die Spannungsabfalldreiecke sind nur zur Konstruktion benutzt worden, jedoch nicht ausgezogen, um die Zeichnung nicht verworren zu machen. Für die Teilleistungen der beiden Leitungen werden nur die Grundlinien AH und AK (entsprechend AL) gezogen und die hierzu senkrechten Linien H' und K'. Die entsprechenden Einteilungen sind fortgelassen, dafür findet man auf den neben dem Diagramm angegebenen Skalen die zu suchenden Werte, die sowohl für Kilowatt bzw. Blind-Kilowatt und Ampere angegeben sind. Für den Fall einer Belastung von 8000 kW und 6000 kVA nacheilender Blindlast ($\cos \varphi = 0{,}936$) ist die am Anfang der Strecke zu haltende Spannung $OM : U_a = 30{,}72$ kV. Man nimmt nun die Strecke AM in den Zirkel und liest an den Skalen ab, und zwar:

Berechnung der Spannungs- und Leistungsverluste einer Übertragung. 133

Auf der ersten Skala für Leitung I Belastungsstrom . . . $i_1 = 40$ A,
„ „ zweiten „ „ „ II „ . . . $i_2 = 158$ A,
„ „ dritten „ „ die Gesamtleistung Gesamtstrom . $I = 192$ A.

Die Phasenlage dieser Ströme gegenüber der Endspannung ist ohne weiteres durch die Winkel $\varphi = LAM$, $\varphi_1 = HAM$, $\varphi_2 = KAM$ gegeben.

Die Wirkleistung in Leitung I beträgt $MM'_I = 930$ kW
„ „ „ „ II „ $MM'_{II} = 7070$ „
„ Blindleistung „ „ I „ $MM_I = 1850$ BkW
„ „ „ „ II „ $MM_{II} = 4150$ „

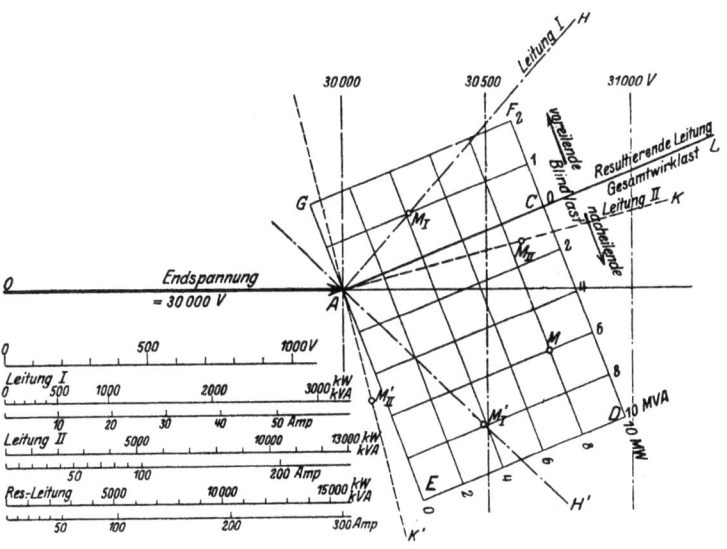

Abb. 43. Betriebsdiagramm für Parallelleitungen[1].

Wenn eine dritte oder weitere Leitungen hinzukämen, so hätte man entsprechend das dritte bzw. weitere Spannungsabfalldreieck zu bilden, einzuteilen, Skalen anzufertigen, und man könnte dann sofort auch für diese Leitungen die Belastungen bestimmen. Im allgemeinen genügt es für den praktischen Betrieb, die Stromstärke der Einzelleitung zu kennen, um sich gegen ihre Überlastung zu sichern und den Spannungsverlust für die Gesamtbelastung festzustellen. Man kann ohne weiteres auch aus dem

---

[1] Aus Burger: ETZ 1925, H. 35.

Diagramm entnehmen, welcher Spannungsverlust auftreten würde, wenn man mit einer Leitung allein arbeitet.

Bezüglich der Berücksichtigung der Kapazität der Leitung wäre zu sagen, daß man sich bei nicht zu langen Strecken, wie sie in den meisten Fällen vorkommen, die Kapazitäten der parallelen Zweige an den beiden Enden je zur Hälfte konzentriert denken kann und dann die resultierenden Summenkapazitäten an den Enden der Ersatzleitung wirkend denken kann[1].

d) Ringleitungen.

1. Allgemeines.

Die exakte Berechnung von geschlossenen Ringleitungen mit verschiedenen Stromabnahmestellen sowie auch etwaige Stromlieferungsstellen bietet bei Wechselstrom große Schwierigkeiten. Es liegt dies an der Änderung des Phasenwinkels in den einzelnen Anschlüssen des Ringes, die vor Ausführung der Berechnung nicht bekannt sind und auch nicht bekannt sein können.

Im allgemeinen wird man den Ring zur abgekürzten Vorausberechnung an einer Stelle schneiden, nach der der Strom von beiden Seiten zufließend angenommen wird, und dann nochmals eine genauere Rechnung durchführen. Man muß hierbei, bei der Schnittstelle beginnend, bis zum Kraftwerk den Spannungsanstieg bestimmen. Derselbe muß auf beiden Ringhälften gleich sein, so daß man im Kraftwerk auf gleiche Spannung kommt. Dabei muß aber auch die gleiche Phasenlage erreicht werden.

Eine genaue Berechnung, am besten unter Vernachlässigung der Kapazitäterscheinungen, ist nur dann möglich, wenn für das Kraftwerk eine gewisse Gesamtbelastung gegeben ist, die sich auf die einzelnen Entnahmestellen verteilt. Es ergibt sich damit eine gewisse Belastungsverteilung in Kilowatt und Blindkilowatt der einzelnen Punkte, die aber nicht ganz proportional ist der im Kraftwerk angenommenen Verteilung. Man übersieht alles am besten an folgendem Beispiel.

2. Beispiel der Berechnung einer Ringleitung.

Es seien folgende Verhältnisse gegeben: Ein Kraftwerk „A" speist mittels einer Ringleitung von 3×50 mm² Querschnitt

---

[1] Über Parallelbetrieb siehe auch drei graphische Methoden von Burger: SZ. 1925. Okt. — Orlich: Arch. El. 1919, 187. — Rukop: Arch. El. 1929, 443. — Dr. zur Megede gibt eine sehr bequeme graphische Methode der Bestimmung paralleler Leitungen in SZ. 1930, 311.

Berechnung der Spannungs- und Leistungsverluste einer Übertragung.

und einem mittleren geometrischen Phasenabstand von 150 cm, bei 33 kV Sammelschienenspannung im Kraftwerk, 3 Stationen.
Lastanteile:

Für I: Wirklast: 4000 kW   Blindlast: 3000 BkW
„ II: „   8000 „   „   3880 „
„ III: „   3200 „   „   3280 „

Insgesamt: 15200 kW   10160 BkW Kraftwerksleistung.

Die Entfernungen betragen $AI: 25$ km, I—II: 15 km, II—III: 10 km und III—A: 5 km.

Der ohmsche Widerstand beträgt $r = \dfrac{17{,}5}{48} = 0{,}364$ Ohm/km,

„ induktive   „   „ $s = 0{,}381$ Ohm/km.

Wir bestimmen zunächst die jedem Punkt über beide Ringhälften zufließenden Ströme.
Beispielsweise für I:

$$\sqrt{3} \cdot i_{W_{AI}} = \frac{4000}{33} \cdot \frac{1/25}{1/25 + 1/30}$$

$$\sqrt{3} \cdot i_{W_{A\,III}} = \frac{4000}{33} \cdot \frac{1/30}{1/25 + 1/30}.$$

Man erhält damit folgendes Schema, indem man die einzelnen Werte für $\sqrt{3} \cdot i$, die die Leitung durchfließen, wenn sie die gleiche Stromrichtung haben, addiert bzw. bei entgegengesetzter Stromrichtung subtrahiert:

Tabelle 22.

	Strecke AI	Station I	Strecke I—II	Station II	Strecke II—III	Station III	Strecke III—A
Wirkwerte ..	141	121	20	242	222	98	320
Blindwerte ..	91	91	0	117	117	100	217

Damit kann man die Berechnung der Spannungsabfälle und Stromwärmeverluste nach folgendem Schema vornehmen (siehe Tabellen 23 und 24).

Um die Wirk- und Blindbelastungen in den 3 Speisepunkten I, II und III zu ermitteln, hat man den Phasenwinkel zwischen der Spannung im Kraftwerk und den einzelnen Punkten zu berücksichtigen, und zwar ist die Leistung in einem derselben beispielsweise, wenn man die Spannung U in kV rechnet:

$$W = U \cdot (\sqrt{3} \cdot i_W \cos\alpha + \sqrt{3} \cdot i_B \cdot \sin\alpha) \text{ in kW,}$$
$$B = U \cdot (\sqrt{3} \cdot i_B \cos\alpha - \sqrt{3} \cdot i_W \cdot \sin\alpha) \text{ in BkW.}$$

Es ergeben sich aus der Tabelle 23 die Belastungen der einzelnen Stationen wie folgt.

136 Berechnung der Spannungs- und Leistungsverluste einer Übertragung.

Tabelle 23.

Station	Wirk- Stromanteile im Kraftwerk $\sqrt{3}\cdot i_{W_A}$	Blind- $\sqrt{3}\cdot i_{B_A}$	Winkel α zwischen Spannungen in A und Station	Wirk- Ströme in den Stationen $\sqrt{3}\cdot i_W$	Blind- $\sqrt{3}\cdot i_B$	Spannungen in den Stationen kV	Wirk- Lasten in den Stationen kW	Blind- BkW
I	121	91	57'	122,5	89	30,85	3780	2740
II	242	117	1° 9'	244,3	112,1	30,741	7500	3440
III	98	100	24'	98,7	99,3	31,997	3160	3180
Summe:	461	308					14440	9360
Zusatzbelastungen in der Übertragung:							760	797
Vom Kraftwerk sind demnach zu liefern: eine Wirkleistung von und eine Blindleistung von							15200	10187

Die Endsummen entsprechen den eingangs für die Übertragung zugrunde gelegten Werten.

Wenn die Kapazität der Leitungen zu berücksichtigen ist, rechnet man in der ersten Annäherung mit einer mittleren Betriebsspannung und bestimmt die Ladeleistungen der Teilleitungsstrecken und konzentriert sie in den Abnehmerstationen als Blindstromlieferer. Hiermit bekommt man eine schon recht gute Annäherung an die wirkliche Stromverteilung. — Untersuchungen der Lastverteilungen mit Netzmodellen erfordern Einrichtungen für Wechselstrom. Die bekannten Modelle für Gleichstrombetrieb können nur für ganz einfache Fälle benutzt werden.

Für Ringleitungen, namentlich bei gleichem Leistungsfaktor aller Stromverbraucher und bei gleichem Impedanzwinkel, kann man die graphische Methode von Schwaiger verwenden[1].

In den meisten Fällen dürfte folgende Methode angebracht sein. Nachdem man das Netzgebilde nach Möglichkeit vereinfacht hat, schneidet man die Leitung in zwei oder mehrere Parallelzweige mit möglichst gleichem Spannungsabfall auf. Man bestimmt nunmehr den erforderlichen Spannungszusatzvektor und seine Phasenlage, um auf den gleichen Spannungsvektor im Kraftwerk zu kommen. Man denkt sich nunmehr diese Spannung in den Leitungsring wirkend und erhält damit einen Ausgleichstrom. Man überlagert ihn den Strömen der einzelnen Leitungsstrecken und rechnet die Spannungs- und Leistungsverluste aus mit der sich ergebenden neuen Stromverteilung. Man wird hiermit schon ziem-

---

[1] Schwaiger: ETZ **1920**, H. 12. — Haltmeier u. Kluy: SZ **1929**, H. 9.

Berechnung der Spannungs- und Leistungsverluste einer Übertragung. 137

Tabelle 24.

Nr.	Strecken, Stationen und Konstanten	Längs-Spannungen U Volt	Quer-Spannungen U' Volt	Winkel α zwischen Spannungen Minuten	Wirk-Stromwerte $\sqrt{3}\cdot i_{W_A}$ $\sqrt{3}\times$Amp.	Blind-Stromwerte $\sqrt{3}\cdot i_{B_A}$ $\sqrt{3}\times$Amp.	Wirk-Verluste V_w kW	Blind-Verluste V_B BkW	Zeile
		1	2	3	4	5	6	7	8
1	Kraftwerk...	33000			461	308			1
2	A—I, 25 km: $r = 9{,}1$ ... $s = 9{,}53$ ...	−1280 − 870	−1350 + 830		−141 	 91	181 75	190 79	2 3
		30850	520	−57′					
3	Station I ...				+121	+ 91			4
4	I—II, 15 km: $r = 5{,}45$ ... $s = 5{,}72$ ...	− 109¹ —	− 114¹ —		− 20 	 0	2 	2 	5 6
		30741	− 114	−12′ −69′					
5	Station II ..				242	117			7
6	II—III, 10 km: $r = 3{,}64$ ... $s = 3{,}81$ ...	+ 810¹ + 446	+ 845¹ − 426		222 —	 117	180 50	188 53	8 9
		31997	+ 419	+45′ −24′					
7	Station III ..				+ 98	+100			10
8	Strecke III—A 5 km: $r = 1{,}82$ ... $s = 1{,}90$ ...	583 413	+ 609 − 395		320 	 117	187 86	195 90	11 12
		32993	+ 214	+23′ − 1′			761	797	13

lich genau die richtigen Spannungen und Stromverteilung erhalten. Eventuell muß man dann nochmals rechnen.

Wenn es sich darum handelt, die Lastverteilung auf die beiden Ringhälften nach irgendeiner Gesetzmäßigkeit zu verteilen, geht man folgendermaßen vor. Beispielsweise soll Zweig 1 mit konstanter Last arbeiten, während Zweig 2 die Rest- oder Spitzenleistung zu liefern hat. In diesem Falle rechnet man die Spannungs-

---

[1] Die in üblicher Weise berechneten Spannungsabfälle werden noch mit cos α multipliziert, um die erhaltenen Wirk- und Blindwerte genau in Phase, bzw. senkrecht, zur Bezugsspannung zu erhalten.

verhältnisse nach der gewünschten Verteilung aus, zeichnet die Spannungsdiagramme übereinander, so daß die Spannung in einem gemeinsamen Verbindungspunkt des Ringes, von dem man bei der Berechnung ausgeht, übereinanderfällt. Man erhält damit für das Kraftwerk für beide Leitungszweige zwei verschiedene Spannungsvektoren, die auch unter sich eine verschiedene Phasenlage haben können. Man bestimmt nun die fehlende Zusatzspannung und ihre Phasenlage. Es ist damit die Größe und Phasenlage des Zusatztransformators gegeben. Für die Ausführung können Längs- und Querspannungsregler oder Doppeldrehregler genommen werden. Man wird im Betriebe regelbare Apparate wählen müssen, da die Regelung für alle praktisch vorkommenden Betriebsfälle ausreichen muß, die betriebsmäßig den stündlich auftretenden Belastungsänderungen folgen können.

Im allgemeinen kommen Ringleitungen zur Speisung eines Großabnehmers meist in der Weise vor, daß die Ringleitung auch von anderen Abnehmern, aber nur in Teilen des Ringes benutzt wird. In diesem Falle kann man nur, wie oben angegeben ist, die Berechnung für alle möglichen Betriebsfälle ausführen. — Liegen jedoch die sonstigen Belastungen des Ringes fest, so kann zunächst die sich aus den Widerstandswerten des Ringes ergebende Wirk- und Blindlastverteilung bestimmen. Man denkt sich nun überlagerte Wirk- und Blindströme im Ringe zirkulieren, die mit der Belastung die gewünschte Verteilung ergeben. Für diese Ringströme ergibt sich mit dem Widerstand des Ringes eine bestimmte Spannung und Vektorlage der Spannung. Wird durch einen Zusatzspannungsapparat diese Werte in den Ring eingeführt, erhält man die gewünschte Verteilung.

Die Berechnung vermaschter Netze. Die Berechnungen vermaschter Netze ist von anderen Seiten häufig behandelt worden. Die Rechnungsverfahren sind verhältnismäßig umständlich und erfordern viel Zeit, die nicht im Verhältnis zum erzielten Nutzen ist. Diese Verfahren können auch nicht ohne wesentliche Erweiterung des Umfanges dieser Arbeit behandelt werden. Man wird im allgemeinen so vorgehen, daß man das Netz aufschneidet und unvermascht rechnet. Die Verbindungsleitungen zwischen den angenommenen Ausläufern müssen dann als Ausgleichsleitungen zwischen den einzelnen Netzbezirken berechnet werden.

Zur Vereinfachung des Netzgebildes empfiehlt es sich jedoch, in parallelen Leitungen die Zwischenstromentnahmen an den beiden Enden der Strecke in der üblichen Weise aufzuteilen und dann einen Ersatzleiter der parallelen Leitungen nach den Angaben im vorigen Kapitel zu bestimmen.

Leitungsgebilde in Dreieck werden in den äquivalenten Stern folgendermaßen verwandelt[1].

Es seien Z_1, Z_2 und Z_3 die Impedanzen der Dreieckschaltung, Z_a, Z_b und Z_c die der Sternschaltung, wobei beispielsweise Z_a die zwischen Z_2 und Z_3 liegende Impedanz ist.

Es ist dann

$$Z \underline{|\gamma} = Z_1\underline{|\gamma_1} + Z_2\underline{|\gamma_2} + Z_3\underline{|\gamma_3} \text{ Ohm} \qquad (316)$$

$$Z_a\underline{|\gamma_a} = \frac{Z_2 \cdot Z_3}{Z}\underline{|\gamma_2 + \gamma_3 - \gamma} \text{ Ohm} \qquad (317)$$

$$Z_b\underline{|\gamma_b} = \frac{Z_3 \cdot Z_1}{Z}\underline{|\gamma_3 + \gamma_1 - \gamma} \text{ Ohm} \qquad (318)$$

$$Z_c\underline{|\gamma_c} = \frac{Z_1 \cdot Z_2}{Z}\underline{|\gamma_1 + \gamma_2 - \gamma} \text{ Ohm} \qquad (319)$$

Die Auflösung geschieht am besten graphisch.

e) Drehstromübertragung mit Einphasenkabeln.

Für die Kraftübertragung wird in neuerer Zeit immer mehr an die Verwendung von Hochspannungskabeln gedacht. Namentlich für die Übertragung großer Leistungen im Großstadtweichbild entweder zur Verbindung der verschiedenen Kraftwerke und Hauptverteilungspunkte oder zur Einführung der Energie in die Stadt als letzten Teil einer Fernleitung. — Die Erfolge, die man mit 100-kV-Kabeln erzielt hat, sind sehr ermutigend. Man verwendet bei höheren Spannungen vielfach Einphasenkabel. Eisenbandarmierte Kabel können hierfür nicht benutzt werden, weil das Eisen sich magnetisiert. Es treten in ihm infolgedessen starke Verluste durch Wirbelströme und Hysterese auf, die außerdem das Kabel stark erwärmen können. Man verwendet daher für den angegebenen Zweck nur Bleikabel ohne Armatur. Es werden nun in den Bleimänteln Ströme induziert, welche mit Stromwärmeverlusten verbunden sind und den Spannungsabfall im Kabel beeinflussen. Derartige Kabel werden auch meist für höhere Spannungen gebraucht, bei denen man Hohlleiter verwenden wird, um die Feldstärke an der Seiloberfläche, die bekanntlich annähernd umgekehrt mit dem Durchmesser wächst, zu verringern.

Bezeichnen wir den Achsenabstand der Kabel mit A und den Bleimantelradius mit a, so ist die Induktanz der Bleimantelschleife

$$S_B = 0{,}1447 \lg \frac{A}{a} \text{ Ohm/km.} \qquad (320)$$

---

[1] Kennelly: El. World **32**, S. 413. — Arnold: 1910, S. 301.

140 Berechnung der Spannungs- und Leistungsverluste einer Übertragung.

Die im Bleimantel induzierte Spannung U_B verursacht, wenn r_B den Bleimantelwiderstand unter Vernachlässigung des Erdwiderstandes bedeutet, einen Strom im Bleimantel von

$$I_B = \frac{U_B}{\sqrt{3} \cdot \sqrt{r_B^2 + s_B^2}} \text{ Amp.} \tag{321}$$

Der Stromwärmeverlust im Blei wird

$$V_B = 3 I_B^2 \cdot r_B \cdot \frac{1}{1000} \text{ kW} \tag{322}$$

sein.

Die im Bleimantel induzierte Spannung wird mit der Induktanz zwischen den Hohlseilen und Bleimanteln berechnet.

Es ist

$$S_m = 0{,}1447 \lg \frac{A-a}{a-\varrho} \text{ Ohm/km.} \tag{323}$$

In dieser Gleichung (323) ebenso wie in (320) nehmen wir als mittleren geometrischen Abstand der Ringflächen die Außendurchmesser der beiden Hohlzylinder an. Es ist eine Ungenauigkeit, die aber die Berechnung vereinfacht. Die vom Belastungsstrom I induzierte Spannung ist damit für die Längeneinheit

$$e_B = \sqrt{3} \cdot I \cdot S_m \text{ Volt.} \tag{324}$$

Die Phasenlagen von U_B und I_B sind bedingt vom Phasenwinkel des Belastungsstromes I und des Impedanzwinkels

$$\gamma_B = \text{arc tg} \frac{s_B}{r_B}. \tag{325}$$

Im Hauptstromkreis wird wiederum durch den Bleimantel ein Spannungsabfall verursacht. Derselbe ist:

$$e_B = \sqrt{3} \cdot I_B \cdot S_m \text{ Volt.} \tag{326}$$

Im Diagramm Abb. 44 sieht die Sache folgendermaßen aus: Es bedeutet: $OA = U_e$ die Spannung am Ende der Kabelstrecke. Hierzu kommt der induktive und der ohmsche Spannungsabfall AB und BC durch das Kabel allein. Der Belastungsstrom induziert eine Spannung e_B im Bleimantel senkrecht auf Strom I stehend, welche das Fließen des Bleimantelstromes I_B verursacht. Seine Richtung ist durch den Impedanzwinkel γ_B gegeben. Der Strom I_B bewirkt im Kabelleiter wiederum den senkrecht zum Strom I_B stehenden Spannungsabfall CD. Damit ergibt sich schließlich die der Kabelstrecke zuzuführende Spannung $OD = U_a$. Man sieht aus dem Diagramm, daß durch den Bleimantelstrom der ohmsche Spannungsabfall vergrößert und der induktive verkleinert wird.

Berechnung der Spannungs- und Leistungsverluste einer Übertragung.

Es ist erforderlich, um große Verluste zu vermeiden, den Bleimantel nach Möglichkeit zu isolieren und keine Verbindung des Bleimantels mit den Muffen herzustellen.

Über die Bleimantelverluste bei Einphasenkabeln für Drehstromübertragungen siehe die Tabelle 10 im Abschnitt über Kabeldaten.

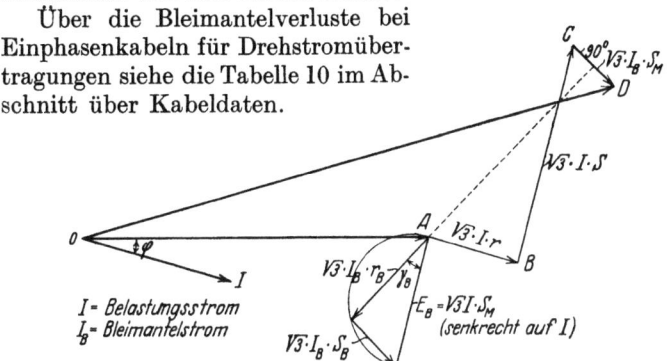

Abb. 44. Drehstromübertragung mit Einphasenkabeln.

Neuerdings haben Halperin und Miller vermittels an die Bleimäntel angeschlossener Kompensationsdrosseln, die nachneben-

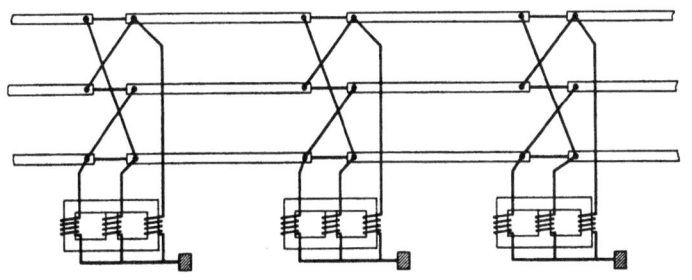

Abb. 45. Schaltung zur Verminderung der Bleimantelverluste nach Halperin und Miller.

stehender Schaltung Abb. 45 angeordnet sind, die Bleimantelverluste erfolgreich auf ein geringes Maß reduziert[1].

f) Berechnung sehr langer Leitungen mit hohen Spannungen, bei denen die gleichmäßige Verteilung der Kapazität berücksichtigt werden muß.

1. Allgemeines.

Bei kürzeren Leitungen spielen zusätzliche Ströme, verursacht durch Nebenschluß- oder Querwiderstände der Leitung (Kapazitäts- und Isolationswiderstände), eine geringe Rolle, so daß sie

---
[1] ETZ **1930,** 1589, siehe auch S. 249.

142 Berechnung der Spannungs- und Leistungsverluste einer Übertragung.

meist vernachlässigt werden können. Bei den im vorhergehenden Abschnitt behandelten Leitungen von 150—200 km Streckenlänge genügt es, die Querwiderstände konzentriert an den Leitungsenden anzunehmen. Auch längere Leitungen mit Zwischenentnahmestationen werden so behandelt. Jedoch bei Untersuchung von Fälle dieser Art ohne Zwischenentnahmen ist dies Verfahren nicht mehr anwendbar. Man muß sämtliche Widerstandsgrößen, die charakteristisch für die betreffende Leitung sind, in ihrer gleichmäßigen Verteilung über die ganze Strecke hin berücksichtigen. Es liegt diese Notwendigkeit daran, daß bei Wechselstrom durch die Spannungsabfälle fast immer eine mit der Länge und mit der Last wachsende Verdrehung des Spannungsvektors eintritt. Da die durch die Querwiderstände verursachten zusätzlichen Lade- und Ableitungsströme ebenfalls an der Phasendrehung teilnehmen, wird der Leitungsstrom nach bestimmten, nicht ohne weiteres übersichtlichen Gesetzmäßigkeiten geändert. Die Telegraphentechnik mußte sich zuerst mit diesem Problem befassen, weil in diesem Zweige der Elektrotechnik mit hohen Frequenzen und verhältnismäßig großen Leitungs- und Ableitungsverlusten gearbeitet wurde. Die grundlegende Gleichung fand ihre Lösung bereits 1855 durch Sir W. Thomson (Lord Kelvin) und wird ihres ersten Anwendungsgebietes wegen die Telegraphengleichung genannt.

Sie sei hier abgeleitet:

Eine Einphasenübertragungsleitung habe eine Streckenlänge von L km mit der kilometrischen Längs- oder Serienimpedanz Z und der Quer- oder Nebenschlußimpedanz Z_q. Die Spannungen und Ströme am Anfang (a), Ende (e) und in x km vom Ende (x) seien mit $U_a, U_e, U_x, I_a, I_e, I_x$ bezeichnet. Zwischen den Punkten x und $x + dx$ nimmt die Spannung nach dem Kraftwerk hin um den Spannungsabfall $I_x \cdot Z \cdot dx$ zu, ebenso wächst der Strom um den Wert $\dfrac{U_x}{Z_q} \cdot dx$. Die Änderung in dem Leiterteilchen dx ist demnach

$$dU_x = Z \cdot I_x \, dx \qquad (327)$$

$$dI_x = \frac{1}{Z_q} \cdot U_x \cdot dx. \qquad (328)$$

Um diese beiden Gleichungen zu lösen, geht man folgendermaßen vor:

Man differenziert die Gleichungen nochmals nach dx und erhält:

$$\frac{d^2 U_x}{dx^2} = Z \cdot \frac{dI_x}{dx}. \qquad (329)$$

Berechnung der Spannungs- und Leistungsverluste einer Übertragung.

Und indem aus Gleichung (328) $\frac{dI_x}{dx}$ ersetzt wird, erhält man

$$\frac{d^2 U_x}{dx^2} = \frac{Z}{Z_q} U_x = a^2 \cdot U_x, \qquad (330)$$

worin $\sqrt{\frac{Z}{Z_q}} = \pm a$ ist.

Ebenso wird:

$$\frac{d^2 I_x}{dx^2} = \frac{1}{Z_q} \cdot \frac{dU_x}{dx} \qquad (331)$$

und aus

$$\frac{d^2 I_x}{dx^2} = \frac{Z}{Z_q} I_x = a^2 I_x. \qquad (332)$$

Die allgemeinen Integrale der Gleichungen (330) und (332) sind von der Form

$$A = B \cdot e^{ax}, \qquad (333)$$

worin a einmal positiv, das andere Mal negativ zu setzen ist. Es gehöre zu $+a$ der Wert B_1 und zu $-a$ der Wert B_2, und man erhält somit die vollständigen Integrale für U_x und I_x:

$$U_x = U_1 \cdot e^{ax} + U_2 \cdot e^{-ax}. \qquad (334)$$

Zur Bestimmung von I_x verwendet man die Gleichung (327), nach der

$$I_x = \frac{dU_x}{dx} \frac{1}{Z} \quad \text{ist,} \qquad (335)$$

wird

$$I_x = \frac{a U_1 e^{ax} - a U_2 e^{ax}}{Z}$$

und da

$$\frac{a}{Z} = 1 : \sqrt{Z \cdot Z_q}$$

ist, erhält man

$$I_x = \frac{U_1 \cdot e^{ax}}{\sqrt{Z \cdot Z_q}} - \frac{U_2 \cdot e^{-ax}}{\sqrt{Z \cdot Z_q}} \qquad (336)$$

Man ersieht deutlich, daß es sich bei den beiden Summanden, die nach Voraussetzung reine Sinuswellen sind, um 2 gegenläufige Wellen handelt, eine die mit x zum Kraftwerk hin wächst und eine zweite, die mit x abnimmt. Die erstere ist die Hauptwelle, die zweite die reflektierte Welle. Diese Teilung ist physikalisch sehr interessant und namentlich für Untersuchungen bei stark variablen Lasten oder bei Störungsursachen von Wichtigkeit. Wir müssen aber für die Zwecke der Leitungsberechnung noch einfachere Lösungen zu finden suchen. Wir wollen zunächst die Größe

$$\sqrt{Z \cdot Z_q} = Z_W \qquad (337)$$

144 Berechnung der Spannungs- und Leistungsverluste einer Übertragung.

als **Wellenwiderstand** der Leitung bezeichnen, er ist der geometrische Mittelwert aus Z und Z_q und bemerkenswerterweise von Länge und Frequenz unabhängig, wenn man die ohmschen Widerstände $= 0$ setzt. Man kann ihn dann nämlich auch schreiben

$$\sqrt{S \cdot K} = \sqrt{\omega l \cdot L \cdot \frac{1}{\omega c \cdot L}} = \sqrt{\frac{l}{c}} \text{ Ohm.} \qquad (338)$$

Zu beachten ist bei der Bestimmung der Querimpedanz und ihres Impedanzwinkels, daß diese Werte nach den Regeln paralleler Leitungen zu berechnen sind. Man denkt sich eine Ableitungsleitung mit dem Widerstand R_q Kilo-Ohm ohne induktiven Widerstand und einen dazu parallelen Kondensator mit der Kondensanz K Kilo/Ohm ohne ohmschen Widerstand. Es ist dann unter Berücksichtigung, daß K eine negative Induktanz ist, was bei der zahlenmäßigen Ausrechnung zu beachten ist:

$$Z_q = \frac{1}{\frac{1}{R_q} - \frac{1}{K}} = - \frac{R_q \cdot K}{R_q + K} \text{ Kilo-Ohm.} \qquad (339)$$

Wenn R_q sehr groß gegen K ist, kann man als angenäherten Wert für

$$Z_q \approx - K \qquad (340)$$

nehmen.

Der zugehörige Impedanzwinkel folgt aus dem Quotienten aus Blind- zu Wirkleitwert:

$$\operatorname{tg} \gamma_q = - \frac{\frac{1}{K}}{\frac{1}{R_q}} = - \frac{R_q}{K}, \qquad (341)$$

$a = \sqrt{\dfrac{Z}{Z_q}}$ ist der sog. **Dämpfungsfaktor** (von Emde Kreiswellendichte genannt). Er ist proportional der Länge und der Frequenz. Z_W und a sind komplexe Größen, es kommen ihnen bestimmte Winkel zu, und zwar

für Z_W: $\qquad \gamma_W = \dfrac{\gamma + \gamma_q}{2}$ Grad $\qquad (342)$

„ a: $\qquad \gamma_a = \dfrac{\gamma - \gamma_q}{2}$ „ $\qquad (343)$

Es sind nun die Spannungs- und Stromwerte an den Leitungsenden U_a, U_e, I_a und I_e zu bestimmen.

Berechnung der Spannungs- und Leistungsverluste einer Übertragung. 145

Setzen wir zunächst $x = 0$, so ergibt sich aus den Gleichungen (334) und (336).
$$U_e = U_1 + U_2 \tag{344}$$
$$I_e = \frac{1}{Z_W}(U_1 - U_2) \tag{345}$$
und daraus wird
$$U_1 = \tfrac{1}{2}(U_e + I_e \cdot Z_W) \tag{346}$$
$$U_2 = \tfrac{1}{2}(U_e - I_e \cdot Z_W). \tag{347}$$

Unter Verwendung der Beziehungen der hyperbolischen Funktionen können die Gleichungen folgendermaßen umgeformt werden. Es ist:
$$\mathfrak{Sin}\, ax = \tfrac{1}{2}(e^{ax} - e^{-ax}) \tag{348}$$
und
$$\mathfrak{Cof}\, ax = \tfrac{1}{2}(e^{ax} + e^{-ax}), \tag{349}$$
und man erhält damit für die Gleichungen (334) und (336)
$$U_a = U_e \mathfrak{Cof}\, aL + I_e \cdot Z_W \cdot \mathfrak{Sin}\, aL \tag{350}$$
$$I_a = I_e \mathfrak{Cof}\, aL + \frac{I_e}{Z_W} \mathfrak{Sin}\, aL. \tag{351}$$

Diese Gleichungen haben an sich eine sehr übersichtliche Form. Man kann in Worten sagen: Die Spannung am Anfang der Übertragungsstrecke ist gleich der Summe aus der korrigierten Endspannung plus dem korrigierten Spannungsabfall. Ebenso ist der Strom am Anfang der Strecke gleich dem korrigierten Endstrom plus dem korrigierten Ladestrom. Die Korrekturen beziehen sich dabei auf den Betrag und die Vektorverdrehung.

Da es sich um mehrere komplexe Größen handelt, hat man es sehr erfolgreich mit folgender Methode versucht, die für Leitungen zwischen 200—500 km Streckenlänge geeignet ist. Man ersetzt die Hyperbelfunktionen durch Reihen.

Es ergeben sich dann mit:
$$\mathfrak{Cof}\, x = 1 + \frac{x^2}{2!} + \frac{x^4}{4!} + \frac{x^6}{6!} + \cdots \tag{352}$$
und
$$\mathfrak{Sin}\, x = x + \frac{x^3}{3!} + \frac{x^5}{5!} + \frac{x^7}{7!} + \cdots, \tag{353}$$

und wenn man $\frac{x^2}{2!} = B$ nennt und berücksichtigt, daß B der Vektorwinkel $\zeta = \gamma + \gamma_q$ zukommt, die folgenden Gleichungen:
$$U_a = U_e \cdot \left(1 + B\underline{|\zeta} + \frac{B^2}{6}\underline{|2\zeta} + \frac{B^3}{90}\underline{|3\zeta} + \cdots\right) \\ + I_e \cdot Z \cdot L\left(1 + \frac{B}{3}\underline{|\zeta} + \frac{B^2}{30}\underline{|2\zeta} + \cdots\right)\underline{|\gamma - \varphi} \tag{354}$$

Burger, Drehstrom-Kraftübertragungen. 2. Aufl. 10

146 Berechnung der Spannungs- und Leistungsverluste einer Übertragung.

$$I_a = I_e \left(1 + B \underline{|\zeta} + \frac{B^2}{6} \underline{|2\zeta} + \frac{B^3}{90} \underline{|3\zeta} + \cdots\right)$$
$$+ U_e \cdot \frac{L}{Z_q} \left(1 + \frac{B}{3} \underline{|\zeta} + \frac{B^2}{30} \underline{|2\zeta} + \cdots\right) \underline{|\gamma_n}\,.$$ (355)

Die Klammernwerte bestehen aus Summanden, die vektoriell zu addieren sind. Der Größe B kommt der Winkel ζ zu und entsprechend den Potenzen B^2: 2ζ, B^3: 3ζ usw.

Das Diagramm Abb. 46 stellt die gegenseitigen Beziehungen dar, welche sich aus den Gleichungen (192) und (196) ergeben.

$$OH = U_e, \quad OA = U_{ao},$$
$$OF = U_{a\varphi},$$
$$AF = i_e, \quad O_I A = i_o$$
$$O_I F = i_a, \quad \delta = \sphericalangle U_e, i_a.$$

Wenn man eine Kraftübertragung nach dieser Methode, die immerhin viel Arbeit macht, berechnet, wird man jedenfalls den Wunsch haben, die Ergebnisse nicht nur für einen Belastungsfall, sondern auch für andere zu bekommen. Es empfiehlt sich daher, die Formeln (354) und (355) zur Konstruktion eines Betriebsdiagramms nach dem Vorgang von Schönholzer zu benutzen[2].

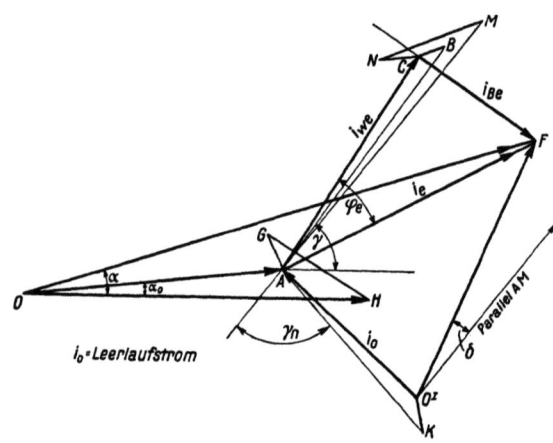

Abb. 46. Übertragungsdiagramm für Leitungen bis 6000 km Streckenlänge[1].

Bei noch längeren Leitungen versagt auch diese Methode, weil die Diagrammzeichnung Schwierigkeiten bietet. Es ist dann besser, die vorher gegebenen Hyperbelfunktionen anzuwenden. Bei der Berechnung der Zahlenwerte ist folgendes zu beachten:

---

[1] Aus Bericht der Höchstspannungstagung in Essen, Januar 1926. Berlin: Julius Springer.
[2] Schönholzer: Schweiz. Techn. Z. 1922, Nr. 6—9 und Bull. Schweiz. El. 1926, H. 4.

Berechnung der Spannungs- und Leistungsverluste einer Übertragung. 147

Der Dämpfungsfaktor ist eine komplexe Größe

$$a \cdot L = \frac{Z}{Z_q} \cdot L \, \lfloor \gamma_a. \qquad (356)$$

Man zerlegt diesen Wert in seine beiden Komponenten in horizontaler und vertikaler Richtung $aL \cos \gamma_a = m$ und $aL \sin \gamma_a = n$ und erhält für

$$\mathfrak{Sin}\, a L = \mathfrak{Sin}\, m \cos n \, \lfloor 0^0 + \mathfrak{Cos}\, m \cdot \sin n \, \lfloor 90^0 \qquad (357)$$

$$\mathfrak{Cos}\, a L = \mathfrak{Cos}\, m \cos n \, \lfloor 0^0 + \mathfrak{Sin}\, m \cdot \sin n \, \lfloor 90^0. \qquad (358)$$

Es ergeben sich demnach 2 Summanden von Vektoren, die unter sich einen Winkel von 90° einschließen.

Es folgen zur näheren Erläuterung 2 Beispiele für beide Methoden, das erste in Anlehnung an die Methode nach Schönholzer und das zweite für die genaue Methode mit Hyperbelfunktionen.

2. Beispiel nach Schönholzer.

Aufgabe. Es sind 50 000 kW, $\cos \varphi = 0,8$, Drehstrom 50 Hz mit einer Betriebsspannung von 150 kV mit einer 600 km langen Doppelleitung von 6 Kupferhohlseilen von 20 mm Durchmesser und bei einem mittleren geometrischen Abstand von 530 cm der Seile untereinander zu übertragen. Der Seilquerschnitt beträgt 120 mm².

Berechnung der Konstanten.

Resistanz: $R = \dfrac{18,2}{240} \cdot 600 = 45,5$ Ohm,

Induktanz: $S = (0,1447 \lg 530 - 0,1447 \lg 0,892) \dfrac{600}{2} = 120,3$ Ohm,

Isolation: $R_q = \dfrac{20\,000\,000}{1200} = 16\,700$ Ohm,

Kondensanz: $K = (132 \lg 530 - 132 \lg 1) \cdot \dfrac{1000}{1200} = 300$ Ohm,

Längsimpedanz: $Z = \sqrt{45,5^2 + 120,3} = 128,6$ Ohm,

Querimpedanz: $Z_q = \dfrac{R_q \cdot K}{\sqrt{R_q^2 + K^2}} = 300$ Ohm,

Längsimpedanzwinkel: $\gamma = 69^0 \, 17'$,

Querimpedanzwinkel: $\gamma_q = 88^0 \, 58'$,

$\zeta = 69^0 \, 17' + 88^0 \, 58' = 158^0 \, 15'$.

Daraus ergeben sich für die Belastung mit 62,5 Megawatt, $\cos \varphi = 1$ folgende Gleichungen, die man am besten in tabellarischer Weise zusammen mit der Ausrechnung wie folgt darstellt. Wir

148 Berechnung der Spannungs- und Leistungsverluste einer Übertragung.

rechnen in diesem Falle ausnahmsweise mit der Phasenspannung, sie ist am Streckenende = 86 600 Volt.

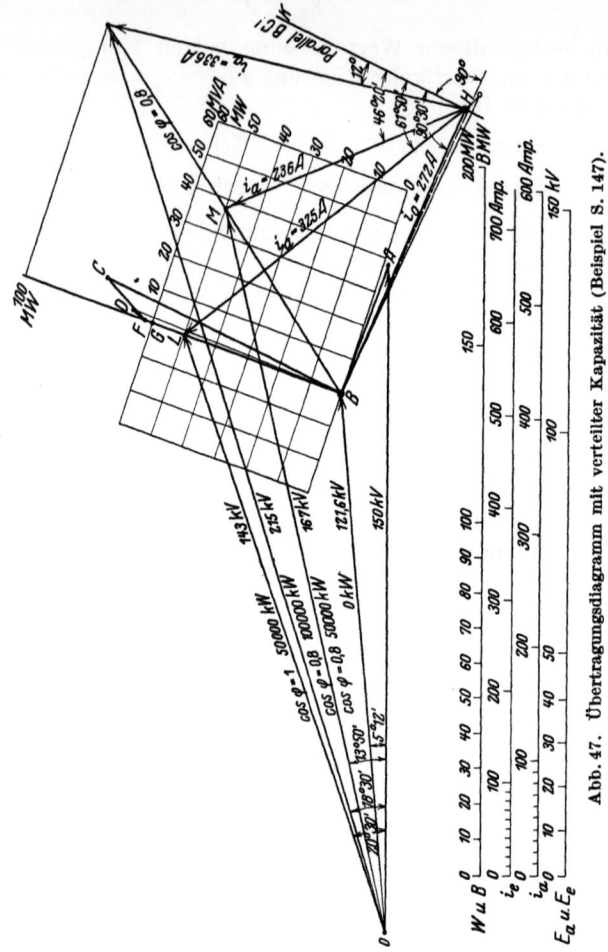

Abb. 47. Übertragungsdiagramm mit verteilter Kapazität (Beispiel S. 147).

Die Berechnung der Anfangswerte für Strom und Spannung ist unter der Voraussetzung eines Leistungsfaktors = 1 (also $\varphi = 0$) gemacht.

Sämtliche Argumente sind positiv, auch der Winkel γ_q ist positiv zu nehmen, da der zugehörige Wert Z_q im Nenner auftritt. Sämtliche Vektorengrößen sind demnach linksdrehend von der X-Achse aus anzutragen. Die Ergebnisse der Berechnung sind

Berechnung der Spannungs- und Leistungsverluste einer Übertragung. 149

Tabelle 25.

Komponente Nr.	Formel	Ausrechnung Modul	Argument	Resultat Modul	Argument
		Volt	Grad	Volt	Grad
1	$U_a = U_e$	$= 86600$	0^0	86600	0^0
2	$+ U_e \cdot B \, \lfloor \zeta$	$86600 \cdot 0{,}2143$	$158^0\ 15'$	18560	$158^0\ 15'$
3	$+ U_e \cdot \dfrac{B^2}{6} \, \lfloor 2\zeta$	$86600 \cdot 0{,}007654$	$316^0\ 30'$	660	$316^0\ 30'$
4	$+ I_e \cdot Z \, \lfloor \gamma$	$240 \cdot 128{,}6$	$69^0\ 17'$	30860	$69^0\ 17'$
5	$+ I_e \cdot Z \cdot \dfrac{B}{3} \, \lfloor \zeta + \gamma$	$240 \cdot 128{,}6 \cdot 0{,}07048$	$158^0\ 15' +$ $69^0\ 17'$	2180	$227^0\ 32'$
6	$+ I_e \cdot Z \cdot \dfrac{B^2}{30} \, \lfloor 2\zeta + \gamma$	$200 \cdot 128{,}6 \cdot 0{,}00133$	$316^0\ 30' +$ $69^0\ 17'$	40	$25^0\ 47'$
		Amp.	Grad	Amp.	Grad
7	$I_a = I_e$	$= 240$	0^0	240	0^0
8	$+ I_e \cdot B \, \lfloor \zeta$	$240 \cdot 0{,}243$	$158^0\ 15'$	51	$158^0\ 15'$
9	$+ I_e \cdot \dfrac{B^2}{6} \, \lfloor 2\zeta$	$240 \cdot 0{,}007654$	$316^0\ 30'$	2	$316^0\ 30'$
10	$+ \dfrac{U_e}{Z_q} \, \lfloor \gamma_q$	$\dfrac{86600}{300}$	$88^0\ 58'$	289	$88^0\ 58'$
11	$+ \dfrac{U_e}{Z_q} \cdot \dfrac{B}{3} \, \lfloor \zeta + \gamma_q$	$\dfrac{86600}{300} \cdot 0{,}07048$	$158^0\ 15' -$ $88^0\ 58'$	20	$247^0\ 13'$
12	$+ \dfrac{U_e}{Z_q} \cdot \dfrac{B^2}{30} \, \lfloor 2\zeta + \gamma_q$	$\dfrac{86600}{300} \cdot 0{,}00133$	$316^0\ 30' +$ $88^0\ 58'$	0,3	$45^0\ 28'$

ähnlich der von Schönholzer gegebene Methode zur Konstruktion des Diagramms Abb. 47 benutzt worden.

Es ist zu bemerken, daß in dem Diagramm statt Phasenspannungen wieder die verketteten Werte eingesetzt sind. Es geschieht dies der Bequemlichkeit halber, da man gewöhnt ist, die verketteten Werte anzugeben. Man darf aber nicht vergessen, daß die Phasenlage den Phasenspannungen entspricht.

Es ist zu beachten, daß die Stromvektoren um den Impedanzwinkel γ gedreht sind und im Maßstab so angepaßt sind, daß die resultierende Komponente aus Nr. 1—3 mit der aus Nr. 7—9 zusammenfällt (Strecke F—B des Diagramms). — Es sei ergänzend noch erwähnt, daß man, um den Phasenwinkel φ_a zu bestimmen, beispielsweise für den Belastungsfall 50000 kW cos φ = 0,8, gekennzeichnet durch den Punkt M von dem Winkel MHK den Winkel MOA abzuziehen hat, um φ_a zu erhalten.

150 Berechnung der Spannungs- und Leistungsverluste einer Übertragung.

3. Berechnung einer Kraftübertragung mit hyperbolischen Funktionen[1].

Aufgabe: Es sind $W = 300$ Megawatt mit $\cos \varphi = 1$ auf $L = 1000$ km Entfernung mit 3 Kupferhohlseilen von $Q = 500$ mm² Querschnitt bei einem mittleren Seilabstand $A = 800$ cm zu übertragen. Das Hohlseil hat einen äußeren Radius $\varrho = 2$ cm.

Die Betriebsspannung am Ende beim Stromempfänger sei $E_e = 350$ kV.

Der Strom ist am Ende $I_e = \dfrac{300000}{\sqrt{3} \cdot 350} = 495$ Amp.

Leitungskonstanten:

$R \;\; = 1000 \cdot \dfrac{18,2}{500} = 36,4$ Ohm,

$S \;\; = 1000 \cdot (0,1447 \lg 800 - 0,1447 \lg 1,78) = 384$ Ohm,

$Z \;\; = \sqrt{R^2 + S^2} = 385,7$ Ohm,

$R_n = \dfrac{24000000}{1000} = 24000$ Ohm,

$K \;\; = (132 \lg 800 - 132 \lg 2) \dfrac{1}{1000} = 0,343$ Kiloohm $= 343$ Ohm,

$Z_q \; = 343$ Ohm,

$\operatorname{tg} \gamma = \dfrac{384}{36,4} = 10,55, \quad$ daraus $\gamma = 84°\,35'$,

$\operatorname{tg} \gamma_q = \dfrac{24000}{343} = 70, \quad\;\;$,, $\;\; \gamma_q = -89°\,12'$,

$aL = \sqrt{\dfrac{Z}{Z_q}} \Big|\dfrac{1}{2}(\gamma - \gamma_q) = \sqrt{\dfrac{385,7}{343}} \Big|\dfrac{1}{2}(84°\,35' - (-89°\,12'))$

$\;\;\;\;\; = 0,05765 + 1,0589 \,|90°$

$\;\;\;\;\; = 1,064\, |86°\,53'$ Radianten, $\qquad\qquad \gamma_a = 86°\,53'$.

$Z_W = \sqrt{Z \cdot Z_q} \,|\tfrac{1}{2}(\gamma + \gamma_q) = \sqrt{385,7 \cdot 343}\, |\tfrac{1}{2}(84°\,35' - 89°\,12')$

$\;\;\;\;\; = 14,649 + 363,2 \,|90°$

$\;\;\;\;\; = 363,7 \,|-2°\,19'$ Ohm, $\qquad\qquad \gamma_W = -2°\,19'$.

$\mathfrak{Cof}\, aL = \mathfrak{Cof}\, (0,05765 + 1,0589\, |90°)$

$\;\;\;\;\; = \mathfrak{Cof}\, 0,05765 \cdot \cos 1,0589 + \mathfrak{Sin}\, 0,05765 \cdot \sin 1,0589 \,|90°$

$\;\;\;\;\; = 1,001665 \cdot 0,4898 + 0,05768 \cdot 0,87182 \,|90°$

$\;\;\;\;\; = 0,4932 \,|5°\,51' \qquad\qquad\qquad\qquad\qquad \alpha_c = 5°\,51'$.

---

[1] Siehe auch Hak: ETZ **1927**, S. 497.

Berechnung der Spannungs- und Leistungsverluste einer Übertragung. 151

$$\mathfrak{Sin}\, aL = \mathfrak{Sin}\, (0{,}05765 + 1{,}0589\, \underline{|90^0})$$
$$= \mathfrak{Sin}\, 0{,}05765 \cdot \cos 1{,}0589 + \mathfrak{Cof}\, 0{,}05765 \cdot \sin 1{,}0589\, \underline{|90^0}$$
$$= 0{,}05765 \cdot 0{,}4898 + 1{,}001665 \cdot 0{,}87182\, \underline{|90^0}$$
$$= 0{,}02825 + 0{,}87326\, \underline{|90^0}$$
$$= 0{,}8737\, \underline{|88^0\, 9'} \qquad\qquad \alpha_s = 88^0\, 9'.$$

$$Z_W \cdot \mathfrak{Sin}\, aL = 363{,}7 \cdot 0{,}8737\, \underline{|-2^0 19' + 88^0 9'}$$
$$= 317{,}9\, \underline{|85^0 50'} \qquad \gamma_W + \alpha_S = 85^0 50'$$

$$\frac{1}{Z_W} \cdot \mathfrak{Sin}\, aL = \frac{0{,}8737}{363{,}7}\, \underline{|-2^0 19' - 88^0 9'}$$
$$= \frac{1}{416{,}28}\, \underline{|-90^0 28'} \qquad \gamma_W - \alpha_S = -90^0 28'.$$

Wir setzen nun die errechneten Werte in die Gleichungen Nr. 350 und Nr. 351 ein und erhalten

$$U_a = 350 \cdot 0{,}4906\, \underline{|5^0 51'} + \sqrt{3} \cdot 495 \cdot 317{,}9\, \underline{|85^0 50'}$$
$$I_a = 495 \cdot 0{,}4906\, \underline{|5^0 51'} + \frac{350\,000}{\sqrt{3} \cdot 416{,}3}\, \underline{|-90^0 28'}.$$

In die zweiten Summanden haben wir die $\sqrt{3}$ eingefügt: bei der Spannungsgleichung, da wir mit verketteten Spannungen rechnen, bei der Stromgleichung, weil der Widerstand sich pro Phase versteht. Ebenso mußte der Faktor 1000 hinzugefügt werden, um die Spannung in kV bzw. den Strom in Ampere zu erhalten.

Die endgültigen Formeln lauten nun:

$$U_a = 172\, \underline{|5^0 51'} + 272\, \underline{|85^0 51'}\ \text{Kilovolt}$$
$$I_a = 243\, \underline{|5^0 51'} + 486\, \underline{|-90^0 28'}\ \text{Amp.}$$

In dem Diagramm Abb. 48 sind diese Werte aufgetragen. Die Richtung der Endspannung $OA = U_e$ ist als Richtvektor mit dem Phasenwinkel O angenommen worden. OC ist die Spannung auf der Generatorseite bei unbelasteter Leitung und Normalspannung 350 kV am Ende der Leitung. CF ist der Spannungsabfall bei 300 MW Last und $\cos \varphi = 1$ von 272 kV, der unter dem Winkel $85^0 51'$ gegen die Nullinie angetragen wird. Es ergibt sich damit das Leistungskarosystem $C'\, C''\, F''\, F'$. Beispielsweise ist bei der Last, charakterisiert durch den Punkt M, entsprechend 200 MW Wirklast und $+100$ BMW nacheilender Blindlast die Spannung am Anfang $U_a = 335$ kV.

Für die Strombestimmung wird das mit dem beschriebenen Spannungsdiagramm kombinierte Stromdiagramm benutzt, unter

152 Berechnung der Spannungs- und Leistungsverluste einer Übertragung.

Verwendung obiger Gleichung Nr. 351. Man wählt Maßstab und Phasenlage so, daß der erste Summand dieser Gleichung mit der Strecke CF zusammenfällt. CL wird dann der zweite Summand.

Der Punkt L ist auch dadurch zu bestimmen, daß man die Spannung am Anfang der Strecke $= U_a = 350$ kV setzt und damit wird

$$U'_e = \frac{350}{0{,}4906} \lfloor -5^0 51' = 713 \text{ kV}.$$

Für den obenerwähnten Belastungsfall M ist somit der Strom am Streckenanfang $I_a = 457$ Amp. Die Vektorlage des Stromes

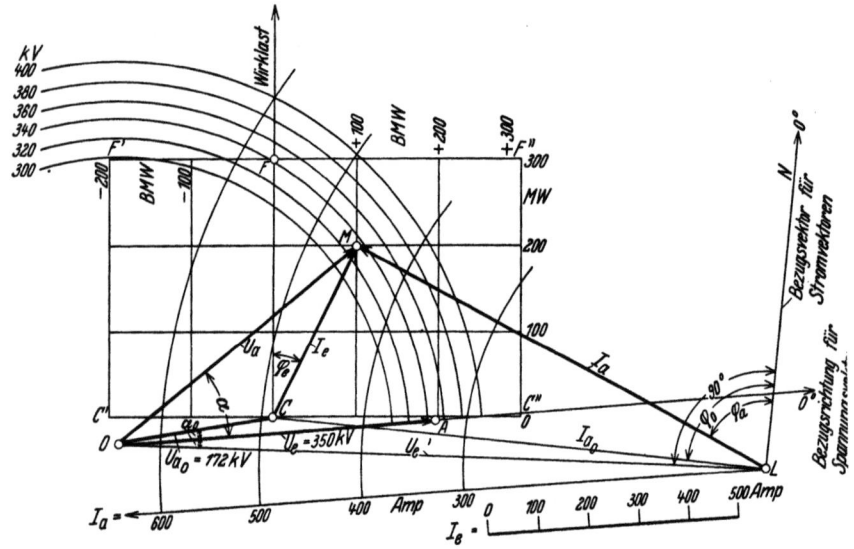

Abb. 48. Diagramm zum Berechnungsbeispiel für sehr lange Leitungen.

ist durch den Winkel MLN bestimmt. Die Richtung von LN bildet mit CF den Winkel von $-5^0 51'$, ist demnach senkrecht auf OL.

Der Strommaßstab für I_a ist so zu bestimmen, daß die Strecke $CF = 243$ Amp. ist, während der Maßstab von I_e auf $CF = 272$ Amp. beruht.

Die Bestimmung der hyperbolischen und trigonometrischen Funktionen sind sehr bequem mit der Tafel von Hayashi auszuführen. Man hat hier für jeden Winkel auf derselben Zeile sämtliche hyperbolischen und trigonometrischen Werte. Die Winkel sind außerdem in Bogenmaß und Graden angegeben.

Man kann auch nach Hak für die meisten vorkommenden Fälle bei Längen unter 1000 km den $\mathfrak{Cof}\, x = 1$ und den $\mathfrak{Sin}\, x = x$ setzen (x in Bogenmaß) womit eine Vereinfachung, der Auswertung der Gleichungen erreicht wird[1].

Von Emde rührt die Darstellungsweise der komplexen hyperbolischen und trigonometrischen Funktionen im sog. Sinusrelief und Tangensrelief her.

XI. Betriebsdiagramme.

Im Laufe der Behandlung der verschiedenen Fälle von Leitungsübertragungen sind bereits eine Reihe Betriebsdiagramme gegeben worden, so daß es an dieser Stelle genügt, einen Hinweis hierfür zu geben. Der Ausdruck Betriebsdiagramm statt Kreisdiagramm erscheint vorteilhafter zu sein, da er auch auf die Nützlichkeit hinweist. Das Betriebsdiagramm soll vor allem zeigen, in welchen Grenzen eine Regelung der Spannung am Anfang der Leitung vorgenommen werden muß bzw. welche Spannung beim Abnehmer auftreten wird, wenn an der Erzeugerseite eine bestimmte Spannung gehalten wird. Außerdem möchte man wissen, welche Änderungen im Strom und im Leistungsfaktor auftreten.

Auf S. 110 ist in Abb. 35 ein Betriebsdiagramm für eine kurze Leitung dargestellt. Es bedeuten der Größe und Vektorlage nach Radien im

Kreise um O Spannungen. Beispielsweise ist OA die Leerlaufspannung U_{ao} identisch mit der Endspannung U_e, die als konstant angesehen wird, AC der Spannungsabfall bei Vollast, $\cos\varphi = 1$.

Radien im Kreise um A geben die Stromvektoren an. So ist AC proportional dem Strom bei Vollast, $\cos\varphi = 1$.

Für den Strom proportional AM ist beispielsweise der Phasenwinkel $\varphi = \measuredangle\, CAM$.

Eine besondere Stromskala ist in diesem Beispiel nicht gemacht worden, kann aber unschwer ermittelt werden.

Auf S. 124 Abb. 40 und S. 125 Abb. 41 sind Betriebsdiagramme für eine längere Leitung ohne bzw. mit Transformatoren an den Leitungsenden gegeben. Hier ist mit konzentrierten Kapazitäten gerechnet worden.

In den Diagrammen bedeutet:

Kreise um O = Spannungen,
OA = die Endspannung (konstant angenommen),
OC = die Leerlaufspannung,

---
[1] Hak: ETZ **1927**, 497.

154   Betriebsdiagramme.

AC = der Spannungsabfall durch Ladestrom bzw. Ladestrom plus Magnetisierungsstrom,
CE = der Spannungsabfall durch den Verbraucher bei Vollast, $\cos \varphi = 1$,
OE = die Spannung am Anfang bei Vollast, $\cos \varphi = 1$.
Kreise um C geben den Strom am Ende der Leitung und die Stromwärmeverluste an nach den darunter befindlichen Skalen.
Kreise um F = Ströme am Anfang der Strecke,
FC = den Leerlaufstrom,
CE = den Vollaststrom bei $\cos \varphi = 1$.

Auf S. 148 Abb. 47 ist das Betriebsdiagramm für eine lange Leitung gegeben. Auch hier haben wir:
Kreise um O = Spannungen,
OA = die Endspannung,
OB = die Leerlaufspannung,
AB = der Spannungsabfall durch den Ladestrom,

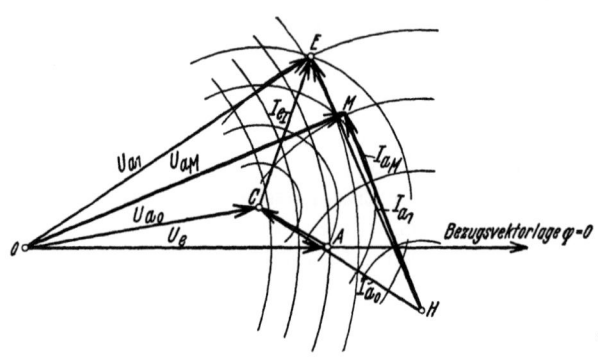

Abb. 49. Allgemeines Betriebsdiagramm.

BG = der Spannungsabfall durch den Verbraucherstrom bei Vollast, $\cos \varphi = 1$.
Kreise um B = Ströme am Ende,
Phasenwinkel für den Strom BM beispielsweise $\varphi = \sphericalangle GBM$.
Kreise um H = Ströme am Anfang,
HB = Leerlaufstrom,
HG = Vollaststrom bei $\cos \varphi = 1$.

Für das Betriebsdiagramm S. 152 Abb. 48 für sehr lange Leitungen gelten die entsprechenden gleichen Erklärungen.

Man hat also in den Diagrammen immer einen Spannungsdrehpunkt und einen Stromdrehpunkt (Abb. 49). An die Endspannung wird der Leerlaufspannungsabfall und daran der Belastungsspannungsabfall für $\cos \varphi = 1$ angetragen. Durch ein Karoliniensystem können nun alle im Bereich der Leistungsfähigkeit der Anlage liegenden Wirk- und Blindstromabnahmen festgelegt werden. Jedem Bezugspunkt kommt eine bestimmte Leistung zu. Die Entfernung vom Spannungsdrehpunkt gibt die Größe und Phasenlage der zuzuführenden Spannung an. Ebenso entsprechen Kreise um den Stromdrehpunkt den zuzuführenden Strömen, die ebenfalls den jeweiligen Bezugspunkt mit dem Stromdrehpunkt verbinden und damit Größe und Phasenlage des Stromes am Leitungsanfang angeben.

Die hier entwickelten Methoden ergeben unter Verwendung von einfacheren zu komplizierteren Grundgrößen fortschreitend ein sehr einfaches Diagramm, das allgemein verständlich ist und alle Größen sehr übersichtlich darstellt und gleichzeitig auch die einfache Entstehungsweise erkennen läßt. Es ist natürlich möglich, auch auf rechnerischem Wege zur Bildung sog. Kreisdiagramme zu kommen.

Alle bisher entwickelten Diagramme sind unter der Voraussetzung gemacht, daß die Spannung am Ende der Übertragung konstant gehalten wird. Es ist ohne weiteres möglich, die Diagramme dahin abzuändern, daß man auch die Spannung am Leitungsanfang konstant hält. Man rechnet in diesem Falle so, als ob man nicht positive, sondern negative Wirklasten hat, d. h. die nach oben gehende Wirklastlinie wird nach unten fortgesetzt, wie dies in nebenstehender Abbildung gezeigt wird (Abb. 50). Es sind in dem

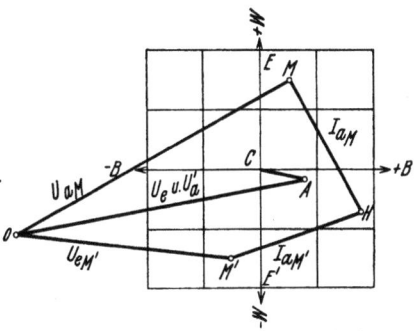

Abb. 50. Betriebsdiagramm für konstante Spannung am Streckenanfang bzw. Ende.

Diagramm: OA die konstante Spannung am Leitungsanfang, OC die Leerlaufspannung. Die positive Wirklast liegt auf dem Strahl CE, während die negative als Fortsetzung nach unten einzutragen ist: CE'. Während man bei konstanter Spannung am Ende beim Belastungsfall, charakterisiert durch den Punkt M, die Spannung $U_{a_M} = OM$ zu halten hat, wird bei konstanter Spannung am Anfang $OA = U'_a$ und einer Belastung entsprechend dem charakteristischen Punkt M' die Spannung am Ende: $OM' = U_{e_{M'}}$. Alle übrigen Bestimmungen werden in gleicher Weise ausgeführt wie für das positive Diagramm. Aber zu beachten ist, daß jetzt der Belastungspunkt M' den Wert darstellt, der am Anfang der Leitung herrscht, während man vorher mit dem Punkt M die Belastung am Ende der Leitung hatte.

Diese Darstellungsweise ist besonders brauchbar bei einer Kuppelungsleitung von parallelen Kraftwerken, bei denen die Last zu verschiedenen Zeiten in verschiedener Richtung zu liefern ist.

Die Amerikaner haben nun diesen Umstand, daß man in dem einen Fall die Leistung am Anfang, das andere Mal die Leistung am Ende bekommt, benutzt, um ein Doppeldiagramm zu entwickeln, aus dem man die Verluste der Übertragung bei verschiedenen Fällen ersehen kann. Man klappt nach diesem Verfahren den unteren Teil des Diagramms um 180° links herum und bekommt nun ein neues Diagramm mit nur einem positiven Karosystem, da das herumgeklappte negative mit dem positiven übereinanderfällt.

Es sei in Abb. 51 ein Übertragungsdiagramm gegeben, in dem $OA = U_e = U$ ist. Für den Belastungspunkt M ergibt sich

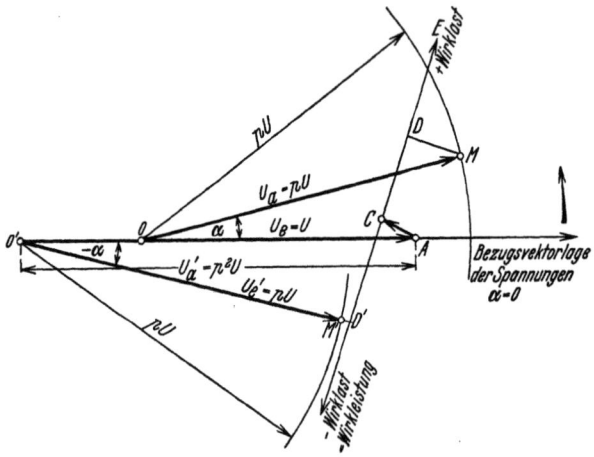

Abb. 51. Doppeldiagramm.

$OM = U_a = pU$. Der Winkel zwischen U_a und U_e sei $= \alpha$. Für den Leitungsanfang entspräche der Punkt M' der abgegebenen Leistung plus Verlusten. Es ist uns zur Auffindung gegeben, daß der Winkel $AO'M'$ ebenfalls $= \alpha$ sein muß. Ferner wissen wir, daß das Spannungsverhältnis ebenfalls bestehen bleiben soll. Es muß also sein: $O'A : O'M' = U_a : U_e$. Es ist $O'M' = U_a$. Auf diese Weise ergibt sich, daß $O'M' = pU$ und $O'A = p^2U$ sein muß. Damit ist der Punkt O' zu finden. pU ist auf dem Strahl unter dem Winkel $-\alpha$ von O' aus abzutragen und damit der Punkt M' bestimmt.

Nach amerikanischem Vorgang wird nun der untere Teil des Diagramms links herum 180° um den Punkt A herumgeklappt.

Ein solches Doppeldiagramm ist in Abb. 52 dargestellt. Wir haben beispielsweise den Belastungspunkt M, für den die Spannung $U_a = 1{,}1\,U_e$ zuzuführen ist. Der Spannungsvektor U_a bildet mit U_e den Winkel α. Nun hat man von dem rechten Spannungsdrehpunkt, der für $1{,}1\,U_e$ in Frage kommt: O', wobei $A'O' = p^2 \cdot U = 1{,}21\,U$ zu nehmen ist, ausgehend den Winkel $180^0 - \alpha$ aufzutragen und mit $1{,}1\,U_e$ einen Kreis zu schlagen. Der Schnittpunkt M' ist dann die zuzuführende Leistung. Die Differenz $P'P$

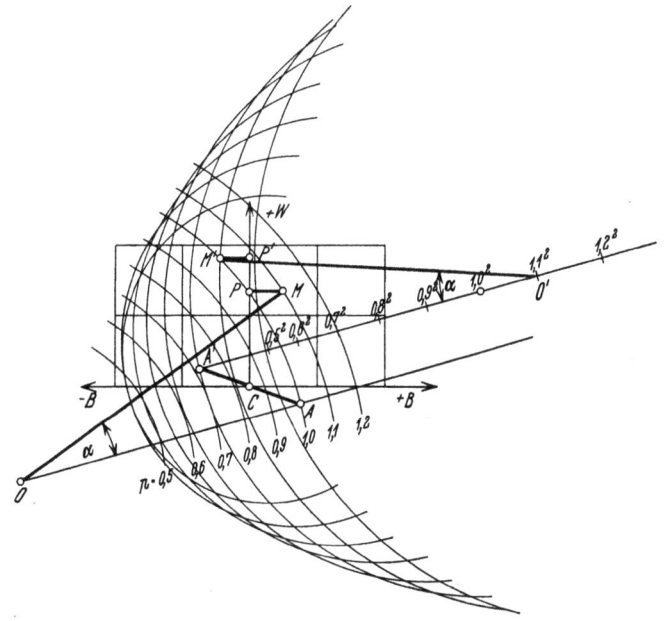

Abb. 52. Doppeldiagramm.

ist der Leistungsverlust. Die Blindleistung am Ende wird durch den Überschuß an Kapazitätsleistung über die induktive Blindbelastung von PM auf $-M'P'$ verbessert. Es ist also im Beispiel am Leiteranfang eine voreilende Blindlast vorhanden.

Über die Spannungsdrehpunkte der rechten Seite ist zu sagen, daß sie in den Abständen $p^2 U_e$ vom A aus abzutragen sind.

So lassen sich auch Kreisdiagramme bilden, aus denen sich die Wirk- und Blindleistungen am Leitungsanfang, bezogen auf die am Ende, ergeben. Ebenso können dieselben als numerische Werte, bezogen auf Kurzschlußleistung oder natürliche Leistung, ausgeführt werden.

Sehr eingehende und ausführliche Darstellungen der Kreisdiagramme sind in der amerikanischen Literatur vorhanden. Namentlich sei erwähnt die Arbeit von Evans und Sels, Electric Journal 1921, ferner gibt Terman im AIEE **1926**, 1081 eine Zusammenstellung der Formeln. Ferner sind die Aufsätze von Osanna (ETZ **1922**, 1025 und E. und M. **1926**) und Groß (E. und M. **1926**) zu nennen.

XII. Großkraftübertragungen.

Wir wollen einige Probleme behandeln, die namentlich für Groß-Kraftübertragungen sehr wichtig sind.

a) Kompensierung der Blindleistungen der Leitungen.

Die Blindbelastungen der Leitungen durch ihre Kapazität und Induktivität spielen eine sehr wichtige Rolle bei Großkraftübertragungen. Es ergeben sich unter Umständen so außerordentliche Verhältnisse, daß ein praktischer Betrieb unmöglich gemacht werden kann.

Die Kompensierung der Leitungsblindlasten ist daher eine Frage allergrößter Wichtigkeit.

Die durch die Leitungen übertragene elektrische Leistung ist die Ursache der Bildung von 2 Arten von Wechselfeldern in dem die Leitung umgebenden Raum; das eine ist ein elektrisches, das von der Spannung, das andere ein magnetisches Feld, das von dem Strome verursacht ist. Die Größe dieser Felder hängt ab einerseits von der Spannung bzw. dem Strome und der Frequenz, andererseits von den Konstanten: Kapazität und Induktivität der Leitung.

Zur Bildung der Felder werden Lade- bzw. Magnetisierungsströme benötigt, die von den die Übertragung speisenden Generatoren geliefert werden müssen.

Da beide Stromarten 180° Phasenverschiebung miteinander haben, subtrahieren sie sich, und nur die Differenz ist zuzuführen. Um Leitungen nicht unnütz mit diesen Strömen zu belasten, muß man sie so abstimmen, daß die Leitung nach Möglichkeit nur Wirkströme vom Kraftwerk zum Strombezieher zu führen hat.

Dies ist der Fall, wenn die voreilende Blindlast gleich der nacheilenden induktiven Blindlast ist, also wenn

$$\frac{U^2}{K} = \frac{N_s^2}{U^2} \cdot S \tag{359}$$

wird. Es ergibt sich aus obiger Beziehung, daß
$$z = \sqrt{SK}$$
sein muß, d. h. wenn diese Beziehung erfüllt ist, ist die Leitung von Blindströmen, die von ihr selbst herrühren, entlastet. Wir vernachlässigen dabei den Einfluß des ohmschen Widerstandes. Die magnetische und elektrische Energie pendelt fast verlustlos in dem die Leitungen umgebenden Raum als stehende Welle hin und her. Die Verbraucherimpedanz muß, wie die Formel zeigt, gleich dem geometrischen Mittelwert aus Induktanz und Kondensanz der Leitung sein. Man nennt diesen Wert auch bekanntlich den Wellenwiderstand der Leitung $\left(z_W = \sqrt{\dfrac{l}{c}}\right)$.

Als erster hat Percy Thomas auf diese Art der Blindlastkompensierung der Leitung für Starkstromübertragungen hingewiesen[1]. Bei den meisten Freileitungen ergibt sich, daß
$$\sqrt{S \cdot K} = 0{,}36 - 0{,}38 \text{ Kiloohm/km} \qquad (360)$$
ist, und damit erhält man folgende Werte für eine Einfachleitung und für $\cos\varphi = 1$:

für 200 MW ..... 268 kV
„ 400 „ ..... 380 „
„ 800 „ ..... 536 „

Nach dem Vorgang von Rüdenberg nennt man diese Leistungen die „natürlichen".

Bemerkenswert ist es, daß die Streckenlänge keine Rolle spielt. — Man darf aber den Einfluß der Blindbelastung durch die angeschlossenen Transformatoren nicht vernachlässigen; sie ändern das Bild je nach der Streckenlänge mehr oder weniger ab.

Kompensierung der Blindlasten ist, wie wir an den gegebenen Beispielen gesehen haben, unbedingt erforderlich, weil man sonst außerordentlich hohe Spannungsverluste in der Leitung erhält. Die natürliche Kompensierung der kapazitiven Blindlast durch die induktive ist nur für einen bestimmten Belastungsfall möglich. Während die kapazitive Last wegen der geringen Änderungen der Spannung ungefähr konstant bleibt, variiert die induktive Blindlast sehr stark, entsprechend dem Quadrat des die Leitung durchfließenden Stromes.

Man muß die Übertragungsspannung annähernd so wählen, daß die Leitung für die mittlere Belastung kompensiert ist. Da eine Regelung von Nullast auf Vollast möglich sein muß, hat man

---
[1] Siehe J. AIEE 1920, März und 1924, Januar.

für eine genügende Blindlastregulierung zu sorgen. Rüdenberg und Osanna haben auf die Verwendung von Drosselspulen hingewiesen, die auch bei Großkraftfernübertragungen angewendet werden müssen, um einen praktischen Betrieb tatsächlich durchführen zu können. Als Ergänzung zur feineren Regulierung und Erzeugung voreilender Blindströme kämen noch Synchron- bzw. Asynchronphasenschieber hinzu.

Für sehr lange Leitungen muß man die Zunahme der Leistung infolge des Verlustes durch Stromwärme und Ableitung berücksichtigen. Man muß dann für die mittlere Entfernung die natürliche Leistung wählen. Man nimmt dann auch nicht die höchste, sondern die mittlere Leistung. Bei abweichenden Belastungen, bei denen der Ausgleich nicht erzielt wird, regelt man die Blindlast durch Zu- und Abschalten von Querdrosselspulen für nacheilende, von Kondensatoren für voreilende Blindlast. Statt dieser statischen Apparate kann man auch synchrone oder asynchrone Blindstrommaschinen verwenden. Ausführliche Behandlung des Problems ist von Prof. Rüdenberg in Aachen 1929 auf der Tagung des VDE gegeben worden[1].

b) Beispiel einer Drehstrom-Großkraftübertragung.

Die heutigen Anforderungen an maximale Übertragungsleistungen und Übertragungsentfernungen sind sehr groß und nehmen auch ständig zu. Man ist daher gezwungen zu immer höheren Spannungen überzugehen[2].

Es wurde folgendes Beispiel einer Drehstrom-Großkraftübertragung mit Höchstspannung gerechnet. Ein Kraftwerk beliefere 5 Stationen, von denen jede 100 Megawatt hochspannungsseitig maximal verbrauche. Die Abstände unter den einzelnen Stationen betragen je 250 km. Die Transformatoren in den Umspannwerken erhalten dritte Wicklungen, an die Phasenschieber und Drosselspulen angeschlossen sind.

Der Betrieb wird nun so ausgeführt, daß über die ganze Hochspannungsleitung hin eine konstante Spannung von 400 kV gehalten wird. Diese Maßnahme ist unbedingt erforderlich, um einen einwandfreien Betrieb zu erzielen und die unabhängige Stromentnahme an den einzelnen Punkten der Leitung zu gewährleisten. Diese Forderung der konstanten Spannung kann erfüllt werden,

---

[1] Siehe ETZ **1929**, 970 und Friedländer: Selbsttätige Blindstromkompensation auf langen Hochspannungsleitungen. SZ **1930**, H. 8 u. 9.
[2] Siehe auch Frank G. Baum: El. World **1923**, Juni.

Beispiel einer Drehstrom-Großkraftübertragung. 161

wenn man den Strom mit einer bestimmten aber je nach der Belastung sich ändernden Phasenverschiebung entnimmt. Die hierzu erforderlichen Blindleistungen werden von den in jedem Umspann-

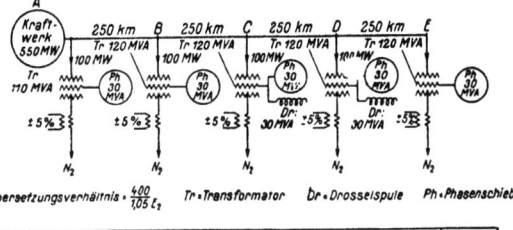

Station	Entf.v. Kraftwerk	Sammelschienen-Spannung	Abgegeb. Lstg. N₂	Blindleistung				Zusatz-Spannung
				Gesamt-	Tr-	Dr-	Ph-	
	km	kV	MW	MVA	MVA	MVA	MVA	%
A (Kraftwerk)	0	400	97,2	46,7	24,8	0	21,9	+2,9
B	250	400	97,2	12,7	23,4	0	-10,7	-3,9
C	500	400	96,6	58,0	26,8	30	1,2	+0,1
D	750	400	96,5	86,3	30,9	30	25,4	+2,4
E (Endstation)	1000	400	97,2	42,8	24,2	0	18,6	-0,7

Belastung des Kraftwerkes; 531,- MW, cos φ = 1

Station	Entfernung v. Kraftwerk	Sammelschienen-Spannung	Verluste (Tr+Dr+Ph)	Blindleistung				Zusatz-Spannung
				Gesamt-	Tr-	Dr-	Ph-	
	km	kV	MW	MVA	MVA	MVA	MVA	%
A (Kraftwerk)	0	400	3,0	58,55	13,35	0	50	+0,5
B	250	400	4,5	113,4	21,6	30	60	+4,6
C	500	400	4,5	113,6	21,6	30	60	+4,6
D	750	400	4,5	113,6	21,6	30	60	+4,6
E (Endstation)	1000	400	3,0	56,8	13,0	0	50	+0,4

Belastung des Kraftwerkes; 27,6 MW, cos φ = 1

Abb. 53. Beispiel einer Großkraftübertragung[1].

werk aufzustellenden Phasenschiebern geliefert. Frank G. Baum ist bekanntermaßen einer der ersten, der sich mit diesem Problem befaßt hat. Wenn die Höchstspannungsleitung einen großen Teil

---

[1] Aus Bericht der Höchstspannungstagung in Essen, Januar 1926. Berlin: Julius Springer.

der Zeit sehr schwach belastet laufen muß, empfiehlt es sich, außer den Asynchronphasenschiebern auch Drosselspulen nach dem Vorschlag von Rüdenberg und Osanna aufzustellen. Dieselben sind verhältnismäßig billig, insbesondere, wenn man sie für Niederspannung baut. Sie haben geringere Wattverluste als rotierende Maschinen und werden ebenfalls an die Tertiärwicklung der Transformatoren angeschlossen. Eine Regulierung mit ihnen ist nur in groben Stufen möglich. Man verteilt die Blindleistung auf eine Anzahl Drosselspulen und schaltet dieselben je nach Bedarf ein und aus. Für die Feinregulierung empfiehlt es sich, rotierende Phasenschieber aufzustellen. Ob man für Lieferung voreilender Blindströme Kondensatoren verwenden wird, muß erst die Zukunft lehren. Die sekundärseitig abgenommene Energie wird mittels im Betrieb umschaltbarer Zusatztransformatoren geregelt.

In den Abb. 51 sind die Schaltung der Übertragung und die Rechnungsergebnisse dargestellt, und zwar einmal für Vollast, das andere Mal für Leerlauf.

c) Grenzen der Drehstromübertragung.

Großkraftübertragungen für sehr große Leistungen und für sehr große Entfernungen sind erfolgreich in Betrieb genommen worden (200—300 MVA, 220 kV, 600 km).

Es sind die bei diesen Anlagen auftretenden prinzipiellen Schwierigkeiten erfolgreich überwunden worden. Unter geschickter Benutzung der physikalischen Eigenschaften elektrischer Leitungen konnte man die für die Übertragung günstigsten Verhältnisse bestimmen. Namentlich war es von größtem Vorteil, daß bei den praktisch zu übertragenden Leistungen bei den gewählten Spannungen der Blindleistungsbedarf durch den Strom von der Leitung selbst gedeckt wird. Es ist dieser Punkt in dem vorhergehenden Abschnitt behandelt worden. Diese kritische Leistung hat von Rüdenberg den Namen „natürliche Leistung" erhalten. In dem erwähnten Abschnitt war gezeigt worden, welche Spannungen bei der jeweiligen Leistung notwendig sind, damit die Selbstkompensierung eintritt. Aber man ersieht auch ohne weiteres, daß, gleichgültig welche Frequenz man wählt, die Spannung bei steigender Leistung sehr stark anwachsen muß. Die Spannung muß proportional mit der Wurzel der Leistung gesteigert werden, womit bei steigender Last sich sehr erhebliche Spannungen als erforderlich zeigen. Aus der Formel Nr. 359 ergibt sich, daß:

$$U = \sqrt{N} \cdot \sqrt[4]{KS} \approx 0{,}78 \sqrt{N} \text{ kV}$$

ist. Man müßte also bei einer Übertragung von, sagen wir 2000000 kW bei $\cos \varphi = 1$ durch eine Doppelleitung, eine Spannung von etwa 800 kV wählen. Es sind nun Überlegungen angestellt worden, wie man bei gegebener Leistung die erforderliche Spannung herabmindern kann und trotzdem die Kompensierung der Blindlasten erreicht. Ein Weg ist folgender: die Leitung wird aus mehreren Einzelseilen pro Phase zusammengesetzt. Nehmen wir beispielsweise 3 Einzelseile an, die unter sich in gleichseitigem Dreieck angeordnet sind. Der Seilradius sei ϱ, der gegenseitige Abstand sei a, dann hat man in den Formeln für die Induktivität und Kapazität statt ϱ den Wert $\sqrt[3]{\varrho \cdot a^2}$ zu setzen. Nehmen wir beispielsweise an, daß 3 Einzelseile von $\varrho \approx \varrho_0 = 3$ cm im gegenseitigen Abstand von $a = 30$ cm angeordnet seien. Der mittlere Phasenabstand sei $A = 1000$ cm. Dann wächst für diese Anordnung gegenüber einer solchen mit Einfachseilen die natürliche Leistung um rund 45%. Die Feldstärke an der Seiloberfläche der Mehrleiter pro Phase wird bei gleichem Seildurchmesser günstiger sein als bei einem Leiter pro Phase. Es kann demnach auch für die neue Anordnung bestimmt zum mindesten die gleiche Betriebsspannung gewählt werden. Ebenso kann man auch in beiden Fällen den wirtschaftlichen Querschnitt nehmen, da bei Anwendung von Hohlseilen die Querschnitte unabhängig vom Durchmesser sind. Es ist also möglich, auf Grund der vorhergehenden Überlegungen die Leistung um beträchtliche Werte zu steigern. Ob dieser Weg praktisch gangbar ist, muß erst die konstruktive Entwicklung zeigen.

d) Vollkommen kompensierte Übertragung.

Wir wollen nun versuchen, eine Großkraftleitung zu disponieren, die nach Möglichkeit von der Regulierung der immerhin nicht angenehmen Blindströme entlastet ist. Wir wählen eine Übertragung von 5000 Megawatt, bei $\cos \varphi = 1$, mit der Spannung von 1 Megavolt, über eine Strecke von 5000 km. Wir gehen nun schrittweise vor. Wir nehmen für die Übertragung an, daß sie mit konstanter Spannung oder annähernd konstanter Spannung betrieben wird, wie man es ja auch für den praktischen Betrieb braucht, und wie es für Zwischenentnahmestellen erforderlich ist. Mit der Leitung haben wir einen riesigen Kondensator geschaffen. Wir setzen für die Übertragung eine Freileitung mit 6 Hohlseilen mit dem Radius $\varrho = 6$ cm, einen mittleren geometrischen Phasenabstand von 2000 cm und einen Querschnitt von je 1500 mm² voraus. Dies ergibt eine Wandstärke von rund 5 mm. Die kilo-

metrischen Werte der Leitungskonstanten der Einfachleitung sind folgende:
1. Wirkwiderstand $r = 0{,}0122$ Ohm,
2. induktiver Blindwiderstand $s = 0{,}365$ Ohm,
3. kapazitiver Nebenschluß-Blindwiderstand $k = 333$ Kiloohm,
4. Die Ableitungen haben wir $= 0$ gesetzt.
5. Wellenwiderstand $Z_W = \sqrt{0{,}365 \cdot 333\,000} = 350$ Ohm.

Die kapazitive Blindleistung der ganzen Leitung bei konstanter Spannung beträgt 30000 MVA. Für diese Leistung sind Querdrosseln längs der ganzen Leitung aufzustellen. Damit ist die leerlaufende Leitung praktisch für das Kraftwerk vom Blindstrom befreit. Der erforderliche Blindstrom pendelt zwischen den Drosseln und der Leitung hin und her. Es können nicht mehr Spannungserhöhungen durch Ladestrom auftreten, und es ist ohne weiteres möglich, die Leitung mit verhältnismäßig kleinen Maschinen unter Spannung zu setzen.

Die induktive Blindlast bei Vollast beträgt rund 23000 MVA. Damit diese Blindlast nicht auftreten kann, kompensieren wir die Induktivität der Leitung durch Einschaltung von Kondensatoren in den Zug der Leitung. Die Gesamtkapazität der einzelnen über die ganze Strecke verteilten Kondensatoren muß dann ebenfalls 23000 MVA betragen. Wenn nunmehr der Betriebsstrom durch die Leitung geschickt wird, tritt kein induktiver Spannungsabfall mehr auf, die Leitung ist also vollkommen kompensiert, d. h. von den Wirkungen der Kapazität und Induktivität der Leitung entlastet. Wir haben dagegen noch mit der Wirkung des ohmischen Widerstandes zu rechnen. Bei Übertragung der ganzen oben angegebenen Leistung tritt ein Spannungsabfall von rund 15% auf. Dieser Spannungsabfall kann in den Zwischenstationen durch in Serie geschaltete Spannungsregler ausgeglichen werden, so daß man überall längs der Leitung hin praktisch genau genug die gewünschte konstante Spannung erhält.

Wir haben somit ein Leitungsgebilde geschaffen, das in seiner resultierenden Wirkung sich nicht viel von einer Gleichstromübertragung unterscheidet. Wir haben nichts anderes gemacht, als was in der Schwachstromtechnik schon lange üblich gewesen ist. Wir haben Induktivitäten und Kapazitäten der Übertragungsleitung zugefügt und damit die gewünschten Verhältnisse geschaffen. Die angegebene Form arbeitet ohne jegliche Automatik, abgesehen von der Spannungsregelung.

Bei der Bestimmung der Leitungsverluste muß man die in den Serienkondensatoren und Querdrosseln nicht vernachlässigen. Es dürfte möglich sein, diese Apparate für etwa 0,1% Verlust,

Beispiel einer Drehstrom-Großkraftübertragung. 165

bezogen auf die durchgehende Leistung, zu bauen. Es kämen demnach für den vorliegenden Fall folgende Verluste hinzu:
1. für die Querdrosseln 30 MW,
2. für die Längskondensatoren 23 MW.

Diese beiden Verluste betragen von der übertragenen Leistung nur

$$\frac{30+23}{5000} \cdot 100 = 1{,}06 \text{ vH.}$$

Man sieht also, daß diese Verluste ohne weiteres tragbar sind, wenn die Benutzungsdauer der Anlage groß ist.

Es ist auch zu prüfen, ob sich Vorteile ergeben, wenn man die Anlage für eine andere Frequenz ausführen würde. Natürlich hat die Wahl einer anderen Frequenz den schwerwiegenden Nachteil, daß man nicht direkt in die vorhandenen Leitungssysteme über Transformatoren speisen könnte.

Bei Wahl einer anderen Frequenz als der normalen von 50 Hertz ist zu beachten, daß die für die Längskompensation erforderlichen Serienkondensatoren in ihrer Größe sich mit der Frequenz verändern. Die Größe der Serienkondensatoren K_S ist so zu nehmen, daß die Gleichung

$$K_S = s_L \cdot L \tag{361}$$

erfüllt wird. Darin ist:

s_L die kilometrische Induktanz der Leitung und
L die Länge der zu kompensierenden Strecke.

Daraus können wir die Kapazität c_S dieser Kondensatoren wie folgt bestimmen:

$$\frac{1}{\omega \cdot c_S} = \omega \cdot l \cdot L \tag{362}$$

$$c_S = \frac{1}{\omega^2} \cdot \frac{1}{l \cdot L}. \tag{363}$$

Man sieht, daß die Kapazität umgekehrt proportional mit dem Quadrat der Frequenz geändert werden muß.

Das gleiche gilt für die Querkompensation. Hier muß die Induktivität der erforderlichen Kompensationsdrosseln

$$l_q = \frac{1}{\omega^2} \cdot \frac{1}{c_L \cdot L} \tag{364}$$

sein. Sie ändert sich also ebenfalls umgekehrt mit dem Quadrat der Frequenz.

Mit steigender Frequenz werden die Kompensationsapparate billiger, dagegen wachsen die Verluste. Außerdem ändern sich die

Preise der Transformatoren, deren Preis mit wachsender Frequenz ebenfalls fällt. Hinzu kommen Frequenzwandler in den Abnahmestationen, um die bestehenden Starkstromnetze, die allgemein mit 50 Hertz arbeiten, speisen zu können. Diese Frequenzwandler hätten den Vorteil, eine gewisse Unabhängigkeit der gegeneinander gekuppelten Netze zu gewähren, da diese Apparate nicht eine starre Frequenzübersetzung besitzen, so daß Belastungsstöße u. dgl. sich nicht von einem Netz in das andere übertragen.

Durch die neuerdings erzielten Fortschritte im Bau von Gleichrichtern, namentlich für Umformung von Gleichrichtern in Drehstrom, ist die Verwendung hochgespannten Gleichstroms für Großkraftübertragungen nicht von der Hand zu weisen. Bei Gleichstrom fallen die Schwierigkeiten fort, die sich durch die Kapazität und Induktivität der Leitung bei Wechselstrom ergeben. Es ist daher nicht ausgeschlossen, daß die großen Kupplungsleistungen für den nationalen bzw. internationalen Energieaustausch als Gleichstromanlagen gebaut werden. Die weitere Verteilung wird aller Voraussicht nach stets mit Drehstrom arbeiten.

XIII. Schnellrechnungen.

Es kommt in der Praxis sehr häufig vor, daß man für eine geplante Übertragung möglichst schnell wissen will, welche Spannung und welchen Querschnitt man wählen soll. Der Fall kann auch so liegen, daß man aus gegebenen Verhältnissen die günstigsten Werte der übertragbaren Leistung und der dabei auftretenden Leistungs- und Spannungsverluste, Kurzschlußbeanspruchung u. ä., überschläglich bestimmen muß.

Es sollen für diesen Zweck, soweit dies möglich ist, kurze, handliche Formeln gegeben werden, die man leicht im Kopf behalten kann, so daß man möglichst unabhängig wird von irgendwelchen Taschenbüchern, Tabellen oder Kurventafeln.

a) Wirtschaftlichste Spannung.

Gute Mittelwerte sind für Einfachfreileitungen zu nennen

für 100000 kW . . . . . 220 kV
„ 30000 „ . . . . . 110 „
„ 8000 „ . . . . . 60 „
„ 2000 „ . . . . . 30 „

Dies entspricht ungefähr

$$U_{\text{wirtsch.}} = \frac{\sqrt{N}}{1{,}5} \text{ Kilovolt.} \tag{365}$$

b) Wirtschaftliche Strombelastung.

$$y_{\text{wirtsch.}} = \frac{80}{\sqrt{h_v \cdot k}} \text{ Amp./mm}^2. \tag{366}$$

Diese Formel gilt unter der Voraussetzung eines Kupferpreises = 1 M/kg, einer Verzinsung und Amortisation = 10 vH.
h_v = Verlustdauer, sie ist im Mittel = $\frac{2}{3}$ Belastungsdauer
k = Kilowattstundenpreis
für $h_v = 2000$ und $k = 3$ Pf./kW ergibt

$$y_{\text{wirtsch.}} \approx 1{,}0 \text{ Amp./mm}^2. \tag{367}$$

Bei einem Kupferpreis von 2 Mark wird die wirtschaftliche Strombelastung $\sqrt{2}$ mal größer, also

$$y_{\text{wirtsch.}} \approx 1{,}4 \text{ Amp./mm}^2. \tag{368}$$

c) Spannungsverlust.

Derselbe ist, wie aus Diagramm Abb. 30c ersichtlich ist, ungefähr gleich der Summe von $AB + DF$. Das heißt, es ist

$$e = \sqrt{3} \cdot i \cdot \cos \varphi \cdot r \cdot L + \sqrt{3} \cdot i \cdot \sin \varphi \cdot s \cdot L \text{ Volt} \tag{369}$$
$$= \sqrt{3}\,(i_W \cdot r + i_B \cdot s) \cdot L \quad \text{oder} \tag{370}$$
$$= \left(\frac{W}{U} \cdot r + \frac{B}{U} s\right) \cdot L \text{ Volt} \tag{371}$$

oder in Prozenten

$$\varepsilon_v = \frac{W \cdot L}{10 \cdot U^2}(r + s \cdot \text{tg}\,\varphi) \text{ vH}. \tag{372}$$

Hierin ist W die Wirklast in kW, B die Blindlast in Blindkilowatt, U die Betriebsspannung in Kilovolt, $r \cdot L$ die Summe aller ohmschen und $s \cdot L$ die Summe aller induktiven Widerstände, alle reduziert auf die Bezugsspannung U. Diese Reduktion erfolgt durch Multiplikation mit dem Quadrat des Verhältnisses der wirklichen zur Bezugsspannung. Es sei der Widerstand r im Stromkreis mit der Spannung U zu reduzieren auf die Spannung U_1. Es ist dann der reduzierte Wert

$$r_1 = r \cdot \left(\frac{U_1}{U}\right)^2 \text{ Ohm} \tag{373}$$

und man hat damit nunmehr den Wert für die Bezugsspannung U_1.

Die angenäherte Formel für den Spannungsabfall genügt für weitaus die meisten Fälle. Ein Kriterium der Genauigkeit ist der sich ergebende Phasenwinkel zwischen Anfang und Ende der Leitung.

Der angenäherte Spannungsabfall sei ε_v, die entsprechende Querspannung ist

$$\varepsilon_q = \frac{W \cdot L}{10 \cdot U^2} \cdot (s - r \cdot \text{tg}\,\varphi) \text{ vH}.$$

Es ist dann
$$\operatorname{tg}\alpha = \frac{\varepsilon_q}{\varepsilon_v + 100}$$

und aus der Tab. 37 findet man, welchen Zuschlag ε_a man zu $100 + \varepsilon_v$ machen muß, um die wirkliche Anfangsspannung zu finden. Bei $\operatorname{tg}\alpha = 0{,}1$ wird der Fehler nur 0,5 vH sein, bei $\operatorname{tg}\alpha = 0{,}2$ — ein schon recht bedeutender Wert — wird der Fehler 2 vH.

d) Bestimmung des Spannungsabfalles von Freileitungen.

Wenn die Wirklast W kW und die Entfernung L km beträgt, ist der Spannungsabfall in Prozenten der Spannung am Ende angenähert:

$$\varepsilon_v = \frac{W \cdot L}{p} \text{ vH.}$$

Der Faktor p ist aus der folgenden Tab. 27 zu bestimmen. Um zunächst ungefähr den zu wählenden Querschnitt zu finden, rechne man mit dem für den Fall zulässigen Spannungsabfall.

Tabelle 27. Die Faktoren p.

Querschnitt mm²	Betriebsspannung in kV					$\cos\varphi$
	6	10	15	20	30	
25	478	1330	3000	5320	12000	1,0
	350	967	2160	3790	8420	0,8
	292	800	1770	3100	6850	0,6
35	673	1870	4200	7480	16800	1,0
	451	1235	2760	4820	10700	0,8
	359	980	2170	3790	8330	0,6
50	950	2640	5940	10550	23800	1,0
	567	1550	3440	6010	13250	0,8
	433	1175	2590	4520	9900	0,6
70	1300	3600	8160	14500	32600	1,0
	685	1870	4130	7110	15800	0,8
	502	1360	3000	5200	11650	0,6
95	1840	5110	11500	20500	46000	1,0
	827	2240	4930	8600	18800	0,8
	578	1560	3420	5920	12850	0,6
120	2310	6410	14400	25700	57700	1,0
	920	2500	5500	9500	20700	0,8
	630	1690	3700	6400	13800	0,6
150	2900	8070	18200	32300	72600	1,0
	1020	2750	6030	10450	22700	0,8
	677	1820	3970	7000	14800	0,6

Schnellrechnungen.   169

Beispielsweise sei $W = 6000$ kW, $\cos\varphi = 0{,}8$, $L = 20$ km und $U = 30$ kV. Dann ist für $\varepsilon_v = 10$:

$$p = \frac{6000 \cdot 20}{10} = 12\,000.$$

Man findet in der Tabelle die nächstliegenden Werte 10 700 und 13 250. Wählt man 50 mm², so erhält man für den Spannungsverlust:

$$\varepsilon_v = \frac{6000 \cdot 20}{13\,250} = 9{,}1 \text{ vH}.$$

e) Leistungsverlust.

In ähnlicher Weise kann man den Leistungsverlust durch Stromwärme bestimmen. Er ist

$$V_w = \frac{3\,i^2 \cdot r}{1000} = \left(\frac{N_s}{U}\right)^2 \cdot \frac{r}{1000} \text{ kW} \qquad (374)$$

oder in vH:

$$\varepsilon_w = \frac{W \cdot r}{10 \cdot U^2 \cos\varphi^2} \text{ vH}. \qquad (375)$$

Die Bezeichnungen sind die gleichen wie vorher. Wenn man viel mit einer Spannung zu rechnen hat, so kann man sich die Formel folgendermaßen abändern:

$$\varepsilon_w = W \cdot L \frac{r_s}{10 \cdot Q \cdot U^2 \cos\varphi^2} = \frac{W \cdot L}{p} \text{ vH}. \qquad (376)$$

Man bildet das Produkt Kilowatt × Kilometer und sucht sich den Wert

$$p = \frac{10 \cdot Q\,U^2 \cos^2\varphi}{r_s} \qquad (377)$$

aus einer nach $\cos\varphi$ und Q geordneten Tabelle, und kann nun sofort bestimmen, welchen Verlust man mit dem betreffenden Leistungsfaktor und Leistungsquerschnitt für ein gegebenes Lastmoment erhalten wird.

Eine ähnliche Tabelle zur Bestimmung von Q bei $\varepsilon_w = 10$ vH ist die untenstehende. Bei Freileitungen schlage man 4 vH auf.

Tabelle 33.

Leistungs-faktor	Betriebsspannung in kV								
	6	10	15	20	30	35	40	50	60
$\cos\varphi = 1{,}0$	206	571	1285	2190	5150	7000	9150	14300	20600
0,9	167	462	1040	1850	4170	5670	7400	11600	16700
0,8	132	365	823	1465	3290	4480	5850	9150	13150
0,7	101	280	630	1120	2520	3430	4980	7000	10100
0,6	74	205	463	825	1850	2520	3300	5150	7420
0,5	52	143	321	573	1290	1750	2288	3580	5150

f) Spannungserhöhung durch die Kapazität der Leitung.

Bei längeren Freileitungen und höheren Spannungen treten neben den Spannungsverlusten durch Belastung Spannungserhöhungen ein, die durch den Kapazitätsstrom verursacht werden. Die Spannungserhöhung beträgt bei 50 Hz überschläglich

$$e_c = \frac{UL^2}{1750} \text{ Volt}. \qquad (378)$$

U ist die Betriebsspannung in Kilovolt und L die Streckenlänge in Kilometern oder

$$\varepsilon_c = \frac{L^2}{17500} \text{ vH}. \qquad (379)$$

Für andere Frequenzen lautet die Formel

$$\varepsilon_c = \left(\frac{L \cdot f}{6600}\right)^2 \text{ vH}. \qquad (380)$$

Hierin ist f die Frequenz in Hertz.

Bei sehr langen Leitungen kann die Spannungserhöhung bedeutend werden. Mit diesen Formeln kann man natürlich nur die Erhöhung für nicht zu lange Strecken von höchstens 200—300 km Länge bestimmen. Die Spannungserhöhung in der Leitung durch den Ladestrom spielt bei nicht übermäßig langen Strecken keine besondere Rolle. — Die starken Spannungserhöhungen, die beobachtet werden, rühren meist von den im Stromkreis befindlichen Transformatoren großer Kurzschlußspannung her.

Im Transformator ergibt der Ladestrom eine Spannungserhöhung von

$$\varepsilon_{cT} = \frac{1}{10} \frac{S_T}{K} \cdot L \text{ vH}. \qquad (381)$$

Worin S_T die Induktanz des Transformators in Ohm mit der gleichen Bezugsspannung wie die Spannung der Leitung bedeutet und K die Kondensanz der Leistung für 1 km in $K\Omega$.

Bei Kabelleitungen beträgt die Spannungserhöhung

$$\varepsilon_c = \frac{1}{20} \frac{S}{K} \cdot L^2 \text{ vH}. \qquad (382)$$

Hierin bedeuten S die Induktanz in Ohm und K die Kondensanz in Kiloohm, beide je für 1 km Kabelstrecke. Diese Formel gilt ebenfalls nur angenähert. Sie genügt jedoch, wenn die Spannungserhöhung nicht mehr als 5 vH beträgt.

Für Drehstromkabel kann man im Mittel rechnen

$$\varepsilon_c = \frac{L^2}{4000} \text{ vH}. \qquad (383)$$

g) Seildurchmesser in bezug auf Vermeidung von Koronaverlusten.

Wie aus Abb. 18 hervorgeht, ist nach Peek und mit den üblichen Abständen die kritische Spannung U_k in kV erreicht bei einem Durchmesser

$$d = \frac{U_k}{9} \text{ mm}. \tag{384}$$

Um ganz sicher zu gehen, wähle man den Leitungsdurchmesser zu

$$d_k = \frac{U_{\text{Betrieb}}}{8} \text{ mm}. \tag{385}$$

h) Kurzschlußverhältnisse.

1. Stoßkurzschlußstrom i_s.

$$i_s = 1{,}5 \cdot \frac{U}{Z_N + Z_G} \text{ Amp}. \tag{386}$$

oder auch

$$i_s = \frac{252}{15 + \sigma_N} \cdot i_N. \tag{387}$$

2. Dauerkurzschlußstrom i_D in Abzweigen von etwa 10 vH der Generatorleistung

$$i_D = \frac{U}{\sqrt{3} \cdot Z_N} \text{ Amp}. \tag{388}$$

oder auch

$$i_D = \frac{100}{24 + \sigma_N} \cdot i_N. \tag{389}$$

Für die Hauptleitung gibt es keine einfache Formel. Man verwende Tabelle 15.

3. Abschaltleistung N_A. Benutze ebenfalls Tabelle 15. Nach den REH 1929 ist:

$$N_A = i_D \cdot U \cdot \sqrt{3} \cdot 1{,}10 \left(1 + \frac{1}{2a^2}\right) \text{kVA}. \tag{390}$$

Die relative Kurzschlußentfernung a, die man für die angeführte Tabelle braucht, kann man leicht schätzungsweise bestimmen.

Denken wir uns beispielsweise nebenstehende Anlage (Abb. 54), so ist:

$$a_x = \frac{24 + 6 \frac{10}{1}}{24} = 3{,}5, \tag{391}$$

$$a_y = \frac{24 + 10 + 10 + \frac{10}{8} 6}{24} = 2{,}15. \tag{392}$$

Man sieht also, daß der Punkt y elektrisch näher liegt als x. In y wird demnach der Kurzschlußstrom größer als in x.

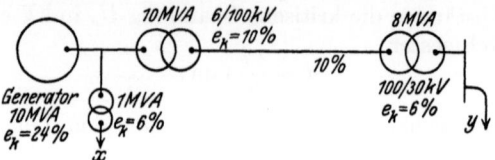

Abb. 54. Beispiel zur Kurzschlußberechnung.

Die Werte von σ_N sind die Streuspannungsabfälle der Leitung und Transformatoren in Prozenten, alle bezogen auf die normale Durchgangsleistung. Für Transformatoren hat man für σ_T zwischen 3—12 vH (siehe Tabelle 11). Es ist für Freileitungen:

$$\sigma_F = 0{,}040 \frac{N_s}{U_2^2} L \text{ vH}, \qquad (393)$$

für Kabel:

$$\sigma_K = 0{,}007 \frac{N_s}{U^2} L \text{ vH}. \qquad (394)$$

i) Beispiel für die Schnellrechnung.

Es sind 50 000 kW bei $\cos \varphi = 0{,}9$ auf 150 km zu übertragen. Wir verteilen die Last auf 2 parallele Leitungen.

1. Wirtschaftliche Spannung:

$$U_{\text{wirtsch.}} = \frac{\sqrt{\dfrac{25\,000}{0{,}9}}}{1{,}5} = 110 \text{ kV}.$$

2. Wirtschaftlicher Querschnitt. Für 3000 Belastungsstunden wird $h_v \approx 2000$ Std. sein. Der Strompreis betrage 3 Pf./kWh, der Zinsfuß 10 vH, der Kupferpreis sei 1,50 Mark/kg. Daraus

$$y_{\text{wirtsch.}} = 80 \cdot \sqrt{\frac{1{,}5}{2000 \cdot 3}} = 1{,}28 \text{ Amp./mm}^2.$$

Daher

$$Q_{\text{wirtsch.}} = \frac{25\,000}{\sqrt{3} \cdot 110 \cdot 0{,}9} \cdot \frac{1}{1{,}28} = 114 \text{ mm}^2.$$

Wir wählen nominell 120 mm² Querschnitt.

3. Spannungsverlust bei Vollast:

$$\varepsilon_v = \frac{25\,000 \cdot 150}{10 \cdot 110^2} \left(\frac{18{,}2}{117} + 0{,}75 \cdot 0{,}4 \right) = 14{,}2 \text{ vH}.$$

Schnellrechnungen.

4. Spannungserhöhung durch Kapazität:
$$\varepsilon_c = \frac{150^2}{17\,500} = -\ 1,3\ \text{vH}$$
Bei Last ist der Spannungsverlust $= 12,9$ vH
Bei Leerlauf ist der Spannungsverlust $= -\ 1,3$ vH.

Zur Bestimmung des Regelbereiches der Maschinenspannung oder des Spannungsreglers muß man die mittlere Spannung $\frac{114,2 + 98,7}{2} = 106,45$ vH bestimmen und die Spannung in den Grenzen von $\pm\ 7,3$ vH regeln.

5. Leistungsverlust
$$\varepsilon_w = \frac{25\,000 \cdot 150}{10 \cdot 110^2 \cdot 0,9^2} \cdot \frac{18,2}{117} = 6,0\ \text{vH}.$$

6. Kurzschlußverhältnisse unter der Annahme, daß das Kraftwerk Generatoren mit 40 000 kVA bei $\cos\varphi = 0,8$ vollbelastet laufen hat und nur eine Leitung von einem Transformator von 30 000 kVA Leistung mit 10 vH Streuspannung gespeist wird.
Dann ist für den Normalstrom
$$i_N = \frac{40\,000}{\sqrt{3} \cdot 110} = 205\ \text{Amp.,}$$
der Stoßstrom i_s am Ende der Einfachleitung:
$$i_s = \frac{252 \cdot i_N}{15 + 13,3 + 19,2} = \frac{252 \cdot 205}{47,5} = 1090\ \text{Amp.,}$$
da $\quad\sigma_T = \dfrac{40\,000}{30\,000} \cdot 10 = 13,3$ vH

und $\quad\sigma_L = \dfrac{40 \cdot 40\,000 \cdot 150}{110^2 \cdot 1000} = 19,2$ vH sind.

Der Dauerkurzschlußstrom ist mit
$$a = \frac{24 + 13,3 + 19,2}{24} = 2,35$$
aus der Tabelle 15 zu entnehmen
$$i_D = 1,6 \cdot 205 = 328\ \text{Amp.}$$
Die Abschaltleistung aus der gleichen Tabelle:
$$N_A = 1,8 \cdot 40\,000 = \mathbf{72\,000\ kVA}.$$

7. Durchmesser mit Rücksicht auf Koronaverhältnisse:
$$d = \frac{110}{8} = \sim 14\ \text{mm}.$$

Der Seildurchmesser von 14 mm entspricht genau dem eines Seiles von 120 mm² nominellen Querschnittes, ist also angemessen in geringer Höhe über dem Meeresspiegel.

XIV. Einige Hilfstabellen und Rechnungsbehelfe.

a) JEC—Nennspannungen.

Angenommen von der Internationalen Elektrotechnischen Kommission 1926.

Mittlere Spannungen an den Verbraucherklemmen:

      6000 Volt   60000 Volt
    15000 „   100000 „
    30000 „   200000 „

Die Höchstspannungen am Generator bzw. Primärtransformator können 10 vH höher sein als obige Werte. Die angegebenen Spannungen sollen mit Vorzug angewendet werden. Eine Anzahl dazwischenliegender Spannungen sind auch noch aufgeführt, aber hier aus dem Wunsche heraus, die Anzahl der Stufen zu verringern und keine anderen Spannungen als die angegebenen aufkommen zu lassen, fortgelassen.

b) Einige Rechenbehelfe[1].

Um das Aufsuchen trigonometrischer Werte kleiner Winkel zu vermeiden, dienen folgende Formeln. d und δ sind sehr kleine Größen, δ in Bogenmaß gemessen:

$$\cos \delta = 1 - \tfrac{1}{2}\delta^2,$$
$$\operatorname{tg} \delta = \delta + \tfrac{1}{3}\delta^3,$$
$$(1 \pm d)^m = 1 \pm md,$$
$$\frac{1}{\cos \delta} = 1 \mp \tfrac{1}{2}\operatorname{tg}^2 \delta.$$
$$\cos(\varphi \pm \delta) = \cos\varphi \mp \delta \cdot \sin\varphi.$$

c) Bestimmung der Dauer des längsten Tages und der längsten Nacht im Jahr.

Die Unterschiede zwischen Tag und Nacht im Winter und im Sommer sind je nach dem Breitengrade verschieden. Es ist der größte halbe Tagesbogen für den längsten Tag bzw. für die längste Nacht im Jahr, und wenn die Ekliptik der Erdachse 23°, 27,3′ beträgt, zu berechnen aus

$$\cos t = -\operatorname{tg}\varphi \cdot \operatorname{tg} 23°27,3'.$$

Die Zeit in Stunden berechnet man daraus, indem man berücksichtigt, daß 24 Stunden 360° entsprechen. Es ist also

---

[1] Strecker: Hilfsbuch für die Elektrotechnik, S. 12. 1921.

Einige Hilfstabellen und Rechnungsbehelfe.

$1^h = 15^0$. Der längste Tag dauert auf den folgenden Breitengraden:

35^0	$14^h 21^m$	50^0	$16^h 09^m$
40^0	$14^h 51^m$	55^0	$17^h 06^m$
45^0	$15^h 26^m$	60^0	$18^h 30^m$

Diese Werte braucht man, um eine Belastungskurve für Lichtstrombedarf aufzustellen.

d) Angaben über Freileitungen.

Für die überschlägigen Berechnungen von Freileitungsübertragungen ist es erwünscht, den gegenseitigen Abstand der Seile am Mast zu kennen. Hierfür dienen die folgenden Formeln, die die Mastabstände angeben, die entsprechend den Verbandsvorschriften von der Spannung und der Spannweite der Seile abhängen.

Tabelle 34 über die üblichen Spannweiten für Freileitungen mit Eisenmasten.

Querschnitt	für Kupferseil	für Aluminiumseil
35	180 m	60 m
50	200 ,,	120 ,,
70	220 ,,	150 ,,
95	250 ,,	200 ,,
120	250 ,,	220 ,,

Für Stahlaluminiumleitungen kann man die gleichen Mastabstände wählen, wie für aquivalente Kupferseile.

Kleinster Querschnitt für Freileitungsseile in bezug auf mechanische Festigkeit

für Kupfer . . . . . . 10 mm²
,, Aluminium . . . . 25 ,,

Mindestabstand der Leitungsseile am Mast

für Kupfer $\quad A = 7{,}5 \sqrt{H} + \dfrac{U}{150}$ cm,

,, Aluminium $\quad A = 10 \sqrt{H} + \dfrac{U}{150}$ cm.

Hierin ist H der Durchhang in Zentimeter bei einer Temperatur von $+ 40^0$ C und die Spannung U in Kilovolt zu setzen.

Tabelle 35.

Mittlerer geometrischer Abstand A für Freileitungen.

Für überschlägliche Berechnungen kann man annehmen:

Für die Betriebsspannung:

$U =$	6	10	15	20	30	60	100	150	200	300	400 kV
$A =$	80	100	120	150	210	380	560	800	1000	1500	1950 cm

Es kommen jedoch erhebliche Abweichungen von diesen Werten vor.

Einige Hilfstabellen und Rechnungsbehelfe.

e) Tabelle 36 der Beziehungen zwischen $\cos\varphi$ und $\operatorname{tg}\varphi$.

$\cos\varphi$	$\operatorname{tg}\varphi$	$\cos\varphi$	$\operatorname{tg}\varphi$	$\cos\varphi$	$\operatorname{tg}\varphi$
1	0	0,80	0,7500	0,60	1,333
0,99	0,1425	0,79	0,7761	0,59	1,368
0,98	0,2031	0,78	0,8023	0,58	1,415
0,97	0,2486	0,77	0,8286	0,57	1,441
0,96	0,2917	0,76	0,8551	0,56	1,479
0,95	0,3287	0,75	0,8819	0,55	1,518
0,94	0,3630	0,74	0,9089	0,54	1,559
0,93	0,3953	0,73	0,9362	0,53	1,600
0,92	0,4260	0,72	0,9635	0,52	1,643
0,91	0,4556	0,71	0,9918	0,51	1,686
0,90	0,4844	0,70	1,020	0,50	1,732
0,89	0,5124	0,69	1,049	0,45	1,985
0,88	0,5398	0,68	1,078	0,40	2,291
0,87	0,5668	0,67	1,108	0,35	2,676
0,86	0,5934	0,66	1,138	0,30	3,180
0,85	0,6197	0,65	1,168	0,25	3,878
0,84	0,6490	0,64	1,201	0,20	4,899
0,83	0,6720	0,63	1,233	0,15	6,591
0,82	0,6980	0,62	1,267	0,10	9,95
0,81	0,7240	0,61	1,299		

f) Tabelle 37 der Beziehungen zwischen dem Winkel α, $h=100\operatorname{tg}\alpha$ und $\varepsilon_\alpha=100(\sqrt{1+\operatorname{tg}^2\alpha}-1)$ sowie zwischen $\operatorname{tg}\alpha$, $\cos\alpha$ und ε_α.

α	h	ε_α	α	h	x
1^0	1,75	0,0153	6^0	10,51	0,5510
2^0	3,49	0,610	7^0	12,28	0,7550
3^0	5,24	0,1375	8^0	14,05	0,9800
4^0	6,99	0,2445	9^0	15,84	1,250
5^0	8,75	0,3820	10^0	17,63	1,550

$\operatorname{tg}\alpha$	$\cos\alpha$	ε_α v H	$\operatorname{tg}\alpha$	$\cos\alpha$	ε_α v H
0,01	0,99995	0,005	0,11	0,9940	0,603
0,02	0,9998	0,02	0,12	0,9929	0,717
0,03	0,9996	0,045	0,13	0,9917	0,842
0,04	0,9992	0,08	0,14	0,9904	0,975
0,05	0,9988	0,124	0,15	0,9890	1,119
0,06	0,9982	0,179	0,16	0,9875	1,272
0,07	0,9976	0,244	0,17	0,9859	1,434
0,08	0,9968	0,318	0,18	0,9842	1,607
0,09	0,9960	0,404	0,19	0,9824	1,789
0,10	0,9950	0,499	0,20	0,9806	1,980

Einige Hilfstabellen und Rechnungsbeispiele.

Diese Tabelle 37 kann dazu benutzt werden, um, wie es bei Aufstellung von Betriebsdiagrammen häufig vorkommt, Kreisabschnitte mit sehr großem Durchmesser zu zeichnen. Stangenzirkel sind meist nicht zur Hand und mit behelfsmäßigen Zirkeln kann man keine einwandfreie Kreise ziehen. Es ist dann besser, den Kreis aus einzelnen Punkten, die rechnerisch ermittelt werden, zu konstruieren. Hierzu dient auch die Tabelle 37.

Hat man beispielsweise einen Kreisbogen mit $r = 100$ cm zu zeichnen, so trägt man auf der Bezugsachse OB die Strecke $AB = r - 0{,}9\,r$ auf. In B und A werden dann die Werte h und $0{,}9 h$ für die Winkel α, 2α, 3α usw. aufgetragen. Man erhält die Punkte D', D'', C', C'' usw und zieht Strahlen durch $C'D'$, $C''D''$, die nunmehr die Winkel α, 2α usw. zur Bezugsachse bilden. Von C', C'' usw. trägt man dann die Werte ε_{α_1}, ε_{α_2} usw. auf diesen Strahlen nach links ab und erhält die Punkte X', X'', die man vermittels eines Kurvenlineals von B ausgehend zu einem Kreisbogen zusammenfügt. Parallele Kreise zum Kreis B, X', X'', z. B. mit

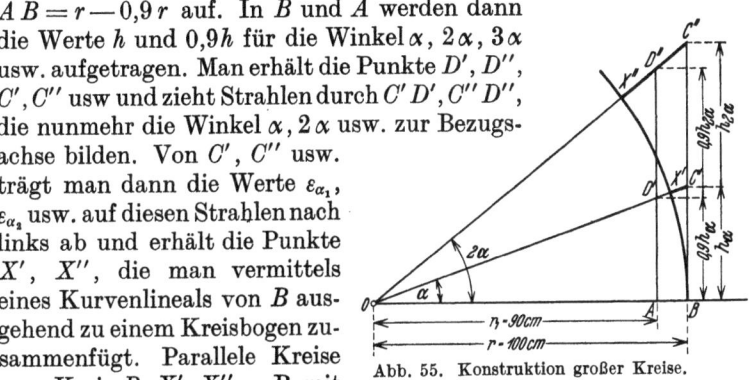

Abb. 55. Konstruktion großer Kreise.

$0{,}8 r$, $0{,}9 r$, $1{,}1 r$, findet man durch Abtragen der Strecken $-0{,}2 r$, $-0{,}1 r$, $+0{,}1 r$ auf den Strahlen von dem zuerst konstruierten Kreis aus, so daß man die Kreise nunmehr zeichnen kann.

g) Tabelle 38 der Beziehungen der hyperbolischen Funktionen zu den trigonometrischen.

$\sin x = -j \operatorname{\mathfrak{Sin}} j x$ $\qquad$ $\sin j x = j \operatorname{\mathfrak{Sin}} x$

$\cos x = \operatorname{\mathfrak{Cof}} j x$ $\qquad$ $\cos j x = \operatorname{\mathfrak{Cof}} x$

$\operatorname{tg} x = -j \operatorname{\mathfrak{Tg}} j x$ $\qquad$ $\operatorname{tg} j x = j \operatorname{\mathfrak{Tg}} x$

$\sin(x \pm j y) = \sin x \cdot \operatorname{\mathfrak{Cof}} y \pm j \cos x \cdot \operatorname{\mathfrak{Sin}} y$

$\cos(x \pm j y) = \cos x \cdot \operatorname{\mathfrak{Cof}} y \mp j \sin x \cdot \operatorname{\mathfrak{Sin}} y$

$\operatorname{\mathfrak{Sin}} x = \dfrac{e^x - e^{-x}}{2}$ $\qquad$ $\operatorname{\mathfrak{Tg}} x = \dfrac{e^x - e^{-x}}{e^x + e^{-x}}$

$\operatorname{\mathfrak{Cof}} x = \dfrac{e^x + e^{-x}}{2}$

Burger, Drehstrom-Kraftübertragungen. 2. Aufl.

$$\mathfrak{Sin}\, x = x + \frac{x^3}{3!} + \frac{x^5}{5!} + \cdots$$

$$\mathfrak{Cof}\, x = 1 + \frac{x^2}{2!} + \frac{x^4}{4!} + \frac{x^6}{6!} + \cdots$$

$$\mathfrak{Tg}\, x = x - \frac{x^3}{3} + \frac{2x^5}{15} - \frac{17\,x^7}{315} + \cdots$$

h) Abschmelzstromstärken für Rauhreif.

Um die Gefahren des Rauhreifes für Freileitungen zu vermeiden, hat man versucht, das Eis durch starke Strombelastung abzuschmelzen. Hierüber berichtet L. W. Wyß[1]. Es dauert bei einer äußeren Temperatur von -5^0 C

von	53,5 mm²	Kupfer	mit	300 Amp.	20 Min.
,,	33,6 ,,	,,	,,	280 ,,	10 ,,
,,	26,7 ,,	,,	,,	250 ,,	10 ,,
,,	53,5 ,,	Aluminium	,,	225 ,,	20 ,,

bis der Eisbelag abgeschmolzen ist.

Um Glatteis abzuschmelzen, werden nach Naumann[2]

6,4—0,6 Amp./mm² für Kupfer
und 3,2—4 ,, ,, ,, Aluminium

benötigt.

i) Schmelzstrom von waagerecht frei gespannten Kupferleitungen nach 15 Minuten.

Draht	4 mm²	220 Amp.	
	6 ,,	330 ,,	
	10 ,,	430 ,,	
	16 ,,	610 ,,	
Seil	25 ,,	890 ,,	
	35 ,,	1075 ,,	
	50 ,,	1330 ,,	

k) Querschnitt und prozentualer Spannungsverlust in Niederspannungs-Freileitungen und Kabeln für Kupfer.

(Nach Ing. Schwarzbauer.)

1. Querschnittsberechnung.

Man sucht in Tabelle 28 den der Stromart und Spannung entsprechenden Faktor A auf und berechnet damit, sowie mit der Leistung, der Länge und dem prozentualen Spannungsverlust, den Faktor C.

$$C = \frac{N}{A} \cdot \frac{L}{\varepsilon} \cdot \qquad (395)$$

---

[1] El. World **25**, 466.   [2] El. Wirtsch. **1931**, 41.

Einige Hilfstabellen und Rechnungsbeispiele.

Nun sucht man in Tabelle 29 bzw. 30 bei dem gegebenen $\cos\varphi$ den Wert auf, der dem errechneten Faktor C am nächsten liegt und liest den dazugehörigen Normalquerschnitt ab.

Mit der folgenden Formel für die Berechnung des Spannungsverlustes kann man dann rückwärts den dem gewählten Normalquerschnitt entsprechenden, wahren Spannungsverlust nachrechnen.

2. **Berechnung des prozentualen Spannungsverlustes.**

Man sucht in Tabelle 28 den der Spannung entsprechenden Faktor A. In Tabelle 29 bzw. 30 sucht man den Faktor C, der dem Querschnitt und dem $\cos\varphi$ entspricht. Mit diesen beiden Faktoren sowie mit der gegebenen Leistung und Leitungslänge, wird nun der prozentuale Spannungsabfall ε berechnet.

$$\varepsilon = \frac{N}{A} \cdot \frac{L}{C}. \qquad (396)$$

Beispiel:

Gesucht ist der **Querschnitt** für eine Belastung $N = 12\,500$ Watt bei der Betriebsspannung von 220 V und einen Leistungsfaktor von 0,8. Es handelt sich um eine Freileitung von 75 m Länge. Der maximale Spannungsabfall darf $\varepsilon_{max} = 3$ vH nicht überschreiten.

Man findet aus Tabelle 28 den Faktor $A = 484$ und berechnet nun aus Gleichung (395) den Faktor C aus:

$$C = \frac{N}{A} \cdot \frac{L}{\varepsilon} = \frac{12\,500}{484} \cdot \frac{75}{3} = 646.$$

In Tabelle 29 findet man unter $\cos\varphi = 0,8$ den dem errechneten Faktor $C = 646$ nächstliegenden Wert zu $C = 710$. Der hierzu gehörige Querschnitt $Q = \mathbf{16\ mm^2}$ ist somit der gesuchte.

Der zu diesem Querschnitt mit $C = 710$ gehörige, wahre Spannungsverlust errechnet sich nun aus Gleichung (396) zu:

$$\varepsilon = \frac{N}{A} \cdot \frac{L}{C} = \frac{12\,500}{484} \cdot \frac{75}{710} = \mathbf{2{,}73\ vH}.$$

Würde man den nächst kleineren Querschnitt wählen, d. h. $Q = 10\ mm^2$ mit $C = 472$, so wäre der Spannungsverlust hierbei

$$\varepsilon = \frac{12\,500}{484} \cdot \frac{75}{472} = 4{,}1\ vH.$$

Dieser Wert ist aber nicht zulässig, da er um 37 vH größer ist als der geforderte maximale Spannungsverlust.

Einige Hilfstabellen und Rechnungsbeispiele.

Tabelle 28. Faktor A.

Betriebsspannung in Volt	125	220	380	500
Faktor A	156,2	484	1444	2500

Die Tafeln sind auch für Gleichstrom und Einphasenstrom brauchbar, man hat nur den Faktor A durch die folgenden zu ersetzen.

Betriebsspannung in Volt	110	125	220	380	440	500
Faktor $A_{gl} = A_E$	60,5	78,1	242	722	968	1250

Tabelle 29. Freileitungen. Faktor C_F.
(Mittlerer Leiterabstand $a = 50$ cm.)

Nenn-Querschnitt mm²	Leistungsfaktor				
	1,0	0,9	0,8	0,7	0,6
6	324	306	297	288	278
10	544	496	472	451	430
16	875	762	710	665	619
25	1330	1090	990	908	826
35	1870	1448	1288	1158	1036
50	2700	1920	1655	1454	1273
70	3630	2370	1990	1714	1476
95	5115	2970	2410	2030	1718

Tabelle 30. Kabel und Hausleitungen. Faktor C_K.

Nenn-Querschnitt mm²	Leistungsfaktor				
	1,0	0,9	0,8	0,7	0,6
1,5	78	77,7	77,6	77,4	77,2
2,5	130	129,3	129	128,5	128
4	208	206	204	204	203
6	312	308	306	303	301
10	512	509	503	498	492
16	832	808	796	782	768
25	1300	1245	1211	1187	1155
35	1820	1712	1658	1604	1550
50	2600	2392	2290	2193	2095
70	3640	3250	3070	2900	2733
95	4940	4250	3950	3680	3420

Einige Hilfstabellen und Rechnungsbeispiele. 181

Tabelle 31.
Belastbarkeit von Niederspannungsdrehstromkabeln.

Quer-schnitt	Zulässiger Strom		Wirk-	Blind-	Zulässige Belastung bei $\cos \varphi = 0{,}9$	Zulässiges Strommoment für 4 vH Spannungsverlust bei $\cos \varphi = 0{,}9$
	1 Kabel allein	2 Kabel zusammen	Widerstand			
Q	i_n	$i = i_n \cdot 0{,}9$	r	s	N_n	$N \cdot L$
mm²	Amp.	Amp.	Ohm/km	Ohm/km	kW	kW · km
25	113	102	0,72	0,075	60	7,6
35	138	124	0,515	0,073	74	10,5
50	170	153	0,36	0,071	91	14,7
70	206	186	0,257	0,069	110	20,0
95	246	222	0,19	0,068	132	26,0
120	285	257	0,15	0,068	152	32,0
150	325	293	0,12	0,067	174	38,0
185	370	333	0,097	0,066	198	45,0
240	430	387	0,075	0,066	230	54,0

Es sind Drehstromkabel mit $3 \times Q + 1 \times \dfrac{Q}{2}$ Querschnitt und symmetrische Last vorausgesetzt worden.

Beispiel: Es seien zu übertragen 90 kW bei $\cos \varphi = 0{,}9$ mit 380 Volt auf 400 m. Es ist dann $NL = 90 \cdot 0{,}4 = 36$. Aus Gründen der zulässigen Strombelastung würden 50 mm² genügen, aber mit Rücksicht auf den Spannungsabfall ist ein Querschnitt von 150 mm² zu wählen. Bei verteilter Last berechnet man das Strommoment der halben Streckenlänge.

Tabelle 32. Belastbarkeit von Drehstromkabeln für 3000 Volt.

Quer-schnitt	Zulässiger Strom		Isolations-stärke	Wirk-	Blind-	Zulässige Belastung bei $\cos \varphi = 0{,}9$	Zulässiges Strommoment für 5 vH Spannungsverlust bei $\cos \varphi = 0{,}9$
	für 1 Kabel	für 6 Kabel		Widerstand			
Q	i_n	i	d	r	s	N	NL
mm²	Amp.	Amp.	mm	Ohm/km	Ohm/km	kW	kW · km
25	110	83	3	0,72	0,084	388	590
35	135	100	3	0,515	0,080	468	814
50	165	124	3	0,36	0,077	580	1130
70	200	150	3	0,257	0,075	702	1530
95	240	180	3	0,19	0,073	842	2000
120	275	206	3	0,15	0,071	965	2440

Beispiel: Es sind 500 kW bei $\cos \varphi = 0{,}9$ mit 3000 Volt mit 5 vH Spannungsabfall auf 3 km zu übertragen. Es ist dann $NL = 500 \cdot 3 = 1500$. Der erforderliche Querschnitt wegen Strombelastbarkeit ist 3×70 mm², wegen Spannungsabfall wäre der gleiche Querschnitt zu wählen.

Erklärung der Buchstabenbezeichnungen für Formeln und Diagramme.

A = Gegenseitiger Abstand der Seile einer Freileitung in cm,
A_v = Verlustenergie in der Übertragung in kWh,
A_{v_T} = desgl. durch Transformatoren,
a, b, c, d = Zahlenkonstanten,
B = Blindleistung oder Last in BkW (statt N_B),
c = Betriebskapazität in Farad/km,
D = Seildurchmesser in mm bzw. cm,
d = Schichtstärke in cm,
E = elektromotorische Kraft in Volt bzw. kV,
e = Spannungsverlust bzw. Spannungsabfall in Volt,
f = Frequenz in Hertz (Perioden je Sekunde),
F = Fläche in m²,
G = Zahlenwert,
H = Betriebsdauer einer Anlage im Jahr in Std.,
h = Belastungsdauer des Maximums im Jahr in Std.,
h_v = Verlustdauer im Jahr in Std.,
I, i = Stromstärke in Amp.,
I_{KD} = Dauerkurzschlußstrom,
I_K = Kurzschlußstrom,
i_c = Ladestrom,
j = $\sqrt{-1}$,
k = Kilowattstundenpreis in Mark/kWh bzw. ℳ/kWh,
$\mathfrak{K}$ = jährliche Kosten einer Übertragungsanlage,
K = $\dfrac{10^{-3}}{\omega c}$ Kondensanz in Kiloohm/km je Phase,
n_L, n_{ST}, n_{T_r} = Konstanten der Anlagekosten einer Leitung, einer Station, eines Transformators,
L = Streckenlänge in km,
l = Induktivität in Henry/km je Phase,
m = eine Konstante,
MW, WVA = Megawatt, Megavoltampere,
N_S = Scheinleistung in kVA,
$N(=W)$ = Wirkleistung,
$N_B(=B)$ = Blindleistung,
P = Anlagekosten einer Übertragung in Mark,
p = ein Zahlenfaktor, auch Zinssatz,
Q = Querschnitt in mm²,
r, R = Ohmscher Widerstand in Ohm bzw. Kiloohm,
R_{K_o} = Koronawiderstand in Kiloohm/km,
R_q = Isolationswiderstand in Kiloohm,
R_{fe} = Eisenverlustwiderstand in Kiloohm,
r_s = spezifischer Widerstand in Ohm für 1 km und 1 mm²,
R_s = desgl. in Kiloohm für 1 km und 1 mm²,
s, S = Induktanz in Ohm bzw. Kiloohm,
t = Zeit in Sek.,
U = Spannung in Volt bzw. Kilovolt,
u = $\dfrac{v \cdot H}{R_q}$ eine Verhältniszahl,

$v = \dfrac{k}{p}$, desgl.,
W = Wirkleistung oder Wirklast in kW (statt N_w),
V_{Ko} = Leistungsverlust durch Korona in kW/km,
V_w = Leistungsverlust in kW,
V_{Abl} = Ableitungsverluste,
V_B = zusätzliche Blindlasten,
y = spezifische Strombelastung in Amp./mm²,
Z, z = Impedanz in Ohm bzw. Kiloohm,
z_q, Z_q = Nebenschluß- oder Querimpedanz,
Z_W = Wellenwiderstand,
α = Winkel zwischen 2 Spannungsvektoren,
β = Winkel zwischen 2 Stromvektoren,
γ = Impedanzwinkel zwischen Resistanz und Impedanz,
γ_q = desgl. der Quer- oder Nebenschlußimpedanz,
ε = Spannungsabfall in vH,
ε_{Di} = Dielektrizitätskonstante,
η = Wirkungsgrad in vH,
ϑ = Temperaturzunahme in °C,
φ = Winkel zwischen Strom und Spannung,
$\varkappa$ = eine Konstante,
μ = Permeabilität,
ϱ = Seilradius in cm,
σ = Streuspannung in vH,
ω = $2\pi f$ = Kreisfrequenz.

Die Indizes a und e bedeuten Werte am Anfang oder Ende einer Strecke bzw. Werte im Kraftwerk a oder im Kraftwerk e.

Die Indizes 1 und 3 bedeuten meist Einphasen- oder Drehstrom, W, S und B: Wirk-, Schein- oder Blindwerte, L: Werte für die Leitung.

Literatur.

Außer den im Text bereits erwähnten Werken, welche für das bearbeitete Gebiet von Wichtigkeit sind, seien noch erwähnt:

Fraenckel: Theorie der Wechselströme. 3. Aufl. Berlin: Julius Springer. 1930.
Thomälen: Kurzes Lehrbuch der Elektrotechnik. 10. Aufl. Berlin: Julius Springer 1929.
Kyser: Die elektrische Kraftübertragung. Berlin: Julius Springer.
Roeßler: Die Fernleitung von Wechselströmen. Berlin: Julius Springer 1905.
Breitfeld: Berechnung von Wechselstromfernleitungen.
Herzog-Feldmann: Die Berechnung elektrischer Leitungsnetze in Theorie und Praxis. 4. Aufl. Berlin: Julius Springer 1927.

0	= keine Änderung oder Wechsel in LW (dafi. Art)
1	= allm. Laienvermögen durch natürl. in LW form
2	= wechselnutzungsart in LW
3	= Abbau umwandlung
4	= ausländische Einschleppung
5	= absichtliche Verwilderung in Anbaufläche
6	= Ausgleiche in Heim bzw. Kolonie
7	= Verbesserungs oder Darstellungszone
8	= Verhaltensforstand
9	= Flucht zur Abwehr Sprachverwechslung
10	= Ersatz von alter 2 für neuerkannt
11	= ...

Verlag von Julius Springer / Berlin

Drehstrommotoren mit Doppelkäfiganker und verwandte Konstruktionen. Von Prof. **Franklin Punga,** Darmstadt, und Oberingenieur **Otto Raydt,** Aachen. Mit 197 Textabbildungen. VII, 165 Seiten. 1931. RM 14.50; gebunden RM 16.—

Der Drehstrommotor. Ein Handbuch für Studium und Praxis. Von Prof. **Julius Heubach,** Direktor der Elektromotorenwerke Heidenau G. m. b. H. Zweite, verbesserte Auflage. Mit 222 Abbildungen. XII, 599 Seiten. 1923. Gebunden RM 20.—

Kommutator-Kaskaden und Phasenschieber. Die Theorie der Kaskadenschaltungen von Drehstromasynchronmaschinen mit Drehstromkommutatormaschinen zur Regelung des Leistungsfaktors, der Drehzahl und der Leistungscharakteristik. Von Dr.-Ing. **Ludwig Dreyfus,** Västerås (Schweden). Mit 115 Textabbildungen. IX, 209 Seiten. 1931. RM 26.—; gebunden RM 27.50

Der Drehstrom-Induktionsregler. Von Professor Dr. sc. techn. **H. F. Schait,** Winterthur. Mit 165 Textabbildungen. VIII, 356 Seiten. 1927. Gebunden RM 25.50

Die wirtschaftliche Regelung von Drehstrommotoren durch Drehstrom-Gleichstrom-Kaskaden. Von Dr.-Ing. **H. Zabransky.** Mit 105 Textabbildungen. IV, 112 Seiten. 1927. RM 9.—

Entwurf und Bau von Schaltanlagen für Drehstrom-Kraftwerke. Von Oberingenieur **Johann Waltjen.** Mit 373 Abbildungen im Text. XVI, 268 Seiten. 1929. Gebunden RM 39.—

Die asynchronen Drehstrommaschinen mit und ohne Stromwender. Darstellung ihrer Wirkungsweise und Verwendungsmöglichkeiten. Von Dipl.-Ing. **Franz Sallinger,** Professor an der Staatl. Höheren Maschinenbauschule Esslingen. Mit 159 Textabbildungen. VI, 197 Seiten. 1928. RM 8.—; gebunden RM 9.20

Die Asynchronmotoren und ihre Berechnung. Von Oberingenieur **Erich Rummel,** Strelitz i. Meckl. Mit 39 Textabbildungen und 2 Tafeln. IV, 108 Seiten. 1926. RM 5.10; gebunden RM 6.30

Kompensierte und synchronisierte Asynchronmotoren. Von Professor Dr. sc. techn. **H. F. Schait,** Winterthur. Mit 60 Textabbildungen. V, 104 Seiten. 1929. RM 10.50

Die elektrische Kraftübertragung. Von Oberbaurat Dipl.-Ing. **Herbert Kyser.**

Erster Band: Die Motoren, Umformer und Transformatoren. Ihre Arbeitsweise, Schaltung, Anwendung und Ausführung. Dritte, vollständig umgearbeitete und erweiterte Auflage. Mit 440 Abbildungen, 33 Zahlentafeln, 7 einfarbigen und einer mehrfarbigen Tafel. X, 544 Seiten. 1930. Gebunden RM 36.—

Zweiter Band: Die Niederspannungs- und Hochspannungs-Leitungsanlagen. Dritte Auflage in Vorbereitung.

Dritter Band: Die maschinellen und elektrischen Einrichtungen des Kraftwerkes und die wirtschaftlichen Gesichtspunkte für die Projektierung. Zweite, umgearbeitete und erweiterte Auflage. Mit 665 Textfiguren, 2 Tafeln und 87 Tabellen. XII, 930 Seiten. 1923. Unveränderter Neudruck 1929.
Gebunden RM 54.—

Theorie der Wechselstromübertragung. (Fernleitung und Umspannung.) Von Dr.-Ing. **Hans Grünholz.** Mit 130 Abbildungen im Text und auf 12 Tafeln. VI, 222 Seiten. 1928. Gebunden RM 36.75

Theorie der Wechselströme. Von Dr.-Ing. **Alfred Fraenckel.** Dritte, erweiterte und verbesserte Auflage. Mit 292 Textabbildungen. VI, 260 Seiten. 1930. RM 20.—; gebunden RM 21.50

Herzog-Feldmann, Die Berechnung elektrischer Leitungsnetze in Theorie und Praxis. Vierte, völlig umgearbeitete Auflage. Von Prof. **Clarence Feldmann,** Delft. Mit 485 Textabbildungen. X, 554 Seiten. 1927. Gebunden RM 38.—

Hochspannungstechnik. Von Dr.-Ing. **Arnold Roth.** Mit 437 Abbildungen im Text und auf 3 Tafeln sowie 75 Tabellen. VIII, 534 Seiten. 1927. Gebunden RM 31.50

Erdströme. Grundlagen der Erdschluß- und Erdungsfragen. Von Dr.-Ing. **Franz Ollendorff.** Mit 164 Textabbildungen. VIII, 260 Seiten. 1928. Gebunden RM 20.—

Kabeltechnik. Die Theorie, Berechnung und Herstellung des elektrischen Kabels. Von Dipl.-Ing., Dr. phil. **M. Klein,** Berlin. Mit 474 Textabbildungen und 149 Tabellen. VIII, 487 Seiten. 1929. Gebunden RM 57.—

Kurzes Lehrbuch der Elektrotechnik. Von Prof. Dr. **Adolf Thomälen.** Zehnte, stark umgearbeitete Auflage. Mit 581 Textbildern. VIII, 359 Seiten. 1929. Gebunden RM 14.50

MIX
Papier aus verantwortungsvollen Quellen
Paper from responsible sources
FSC® C105338

If you have any concerns about our products,
you can contact us on
ProductSafety@springernature.com

In case Publisher is established outside the EU,
the EU authorized representative is:
**Springer Nature Customer Service Center GmbH
Europaplatz 3, 69115 Heidelberg, Germany**

Printed by Libri Plureos GmbH
in Hamburg, Germany